生态公路建设典范
——云南小磨公路

Shengtai Gonglu Jianshe Dianfan
——Yunnan Xiaomo Gonglu

沈 涛 刘长兵 编著

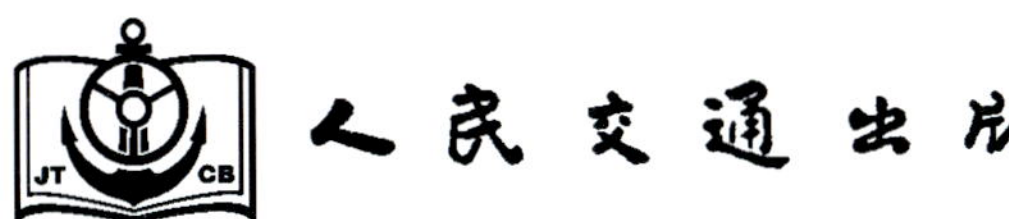

内 容 提 要

云南省小勐养至磨憨公路（以下简称“小磨公路”）在生态公路建设新理念的指引下，积极探索和创新实施了公路建设项目生态保护和水土保持措施，为生态公路建设积累了丰富的实践经验。

本书理论结合实际，图文并茂。其中重点介绍了小磨公路生态环境保护措施和水土保持措施，自然生态景观和人文景观创新设计，以及该公路建设过程中生态恢复技术科研攻关成果与实施效果展示，最后专门总结了小磨生态公路的建设成果和经验收获与读者们共享。

本书可作为公路建设、科研、设计、施工、监理及管理人员的参考用书，也可作为生态等相关专业的专题教材和参考用书。

图书在版编目（CIP）数据

生态公路建设典范：云南小磨公路 / 沈涛，刘长兵编著．
—北京：人民交通出版社，2012.9
ISBN 978-7-114-10065-9

Ⅰ．生… Ⅱ．①沈… ②刘… Ⅲ．①高速公路－道路工程－工程施工－云南省 ②高速公路－道路工程－生态环境建设－云南省 Ⅳ．① U412.36 ② X322.274

中国版本图书馆 CIP 数据核字（2012）第 209225 号

书　　名：生态公路建设典范——云南小磨公路
著 作 者：沈　涛　刘长兵
责任编辑：刘永芬
出版发行：人民交通出版社
地　　址：（100011）北京市朝阳区安定门外外馆斜街 3 号
网　　址：http://www.ccpress.com.cn
销售电话：（010）59757969，59757973
总 经 销：人民交通出版社发行部
经　　销：各地新华书店
印　　刷：中国电影出版社印刷厂
开　　本：787×1092 1/16
印　　张：7.5
字　　数：150 千
版　　次：2012 年 9 月　第 1 版
印　　次：2012 年 9 月　第 1 次印刷
书　　号：ISBN 978-7-114-10065-9
定　　价：80.00 元

《生态公路建设典范——云南小磨公路》
编写委员会

主　　任：沈　涛　刘长兵

编写人员：吴世红　岳蓬蓬　吴华金　李元实

吴　云　程伟贤　熊红霞　林　宇

黄　伟　杜绍福　王志勇　余　乐

李广涛　肖天祥　侯　瑞　崔凯杰

前言

环境保护与可持续发展是当今社会的两大主题。党的十六届三中全会提出了树立“科学发展观”的新思路，坚持以人为本，全面、协调、可持续发展，统筹人与自然的和谐，建立资源节约型、环境友好型社会，处理好经济建设、人口增长与资源利用、生态环境保护的关系，推动整个社会的和谐发展。随着我国公路建设的跨越式发展和对环保认识的不断提高，人们对公路建设环境保护工作提出了更高的要求。由于公路建设需要占用大量土地，开挖路堑、填筑路堤都会导致原生植被的破坏、水土流失等一系列生态环境问题，不可避免的会对环境产生一定的负面影响，因此，生态环境保护和水土保持工作已发展成为当前公路建设的研究重点。

我国公路建设环境保护和水土保持工作系统化管理的研究尚处于起步阶段，目前还普遍存在着对生态环境保护和水土保持工作重两头轻中间的现象，即重视项目立项和交工验收时的生态环境保护和水土保持要求，而忽视具体设计、施工期间的环境保护和水土保持工作，因此如何完善和建立公路建设的生态环境保护和水土保持工作管理体系、管理机制，是摆在我们公路建设者面前亟待解决的问题。

云南省小勐养至磨憨公路（以下简称“小磨公路”）属西部开发省际公路干线及国道213线兰州至磨憨公路，是交通运输部计划的“十五”公路重点建设项目，是国家高速公路网规划“9条纵线”渝昆高速G85联络线——昆明至磨憨高速公路G8511的末段，是我国西北与西南连接的重要路段之一。小磨公路沿线分布有西双版纳国家级自然保护区勐仑片区、尚勇片区、勐腊片区，沿线生态环境脆弱，并且还存在大量的珍稀野生动植物，这就给小磨公路建设提出了更高的要求。云南小磨公路在建设过程中不仅严格按照环境影响评价法及水土保持法的要求坚持环保设施及水土保持设施与主体工程同时设计、同时施工、同时投产使用的“三同时”制度，还提出了“创新、主动、严谨、务实”的环境保护工作理念，因地制宜，在项目的施工过程中还进行大胆的尝试，雨林中的施工栈道、原始森林中的擎天柱等设计理念是小磨公路从设计、施工、管理等方面进行山岭重丘区公路建设环境保护工作的创新，并制订了完善的工作计划、管理措施和规章制度，使得环境保护和水土保持的工作具有创造性、可操作性、系统性和规范性。

创新是知识时代的最强音，小磨公路建设者在项目的建设过程中进行了大胆的科技创新，揭开了云南省公路建设生态修复新的一页。以小磨公路项目为依托，针对项目环境保护和水土保持工作的重点和难点进行专项研究，以务实的态度进行实践，其中乡土植物选择与优化配置、竹篾栅边坡生态恢复、边坡植被恢复以及植物种类的选择等技术的应用，充分体现了尊重自然和“仿原生态边坡”的设计理念，保持了生态环境的长效性，实现了人与自然的和谐发展。这些研究成果达到了国际先进水平，值得推广和应用。

这条以“资源节约、环境协调、生态恢复”为宗旨建设的公路，按照安全性原则、服务社会原则、尊重地区特性原则、整体协调性原则、自然性原则，在整个建设过程中体现了自然生态环境保护的内涵，形成了“最小程度破坏，最大限度恢复”的公路建设与管理理念，并采取了一系列的环境保护与生态恢复的有效措施，打造了一条以人为本的具有人性化、个性化的安全、环保、舒适、和谐、经济的国际运输大通道及旅游观光公路，使公路建设与大自然融为一体，真正做到了将小磨公路融入自然生态系统之中，形成了富有特色的公路生态环境。

本书着重介绍了云南小磨公路建设过程中在环境保护、水土保持及沿线景观设计等工作方面的创新点和亮点，意在将云南小磨公路建设在生态环境保护和水土保持工作方面取得的创新成果进行探讨和推介，为强化和规范我国公路建设生态环境保护和水土保持工作提供可资借鉴的实践经验。

巧妇难为无米之炊，正是因为这样一批孜孜以求、身体力行的生态环保践行者们的努力，才能让一条真正的国际生态公路呈现在世人面前，也才能有本书的编著。借此，编著者特别要向参与小磨公路科研、设计和施工等工作的所有建设者们致以崇高的敬意；同时，在本书的组稿出版过程中，人民交通出版社的编辑老师们也付出了艰辛的劳动，在此也一并表示深深的感谢！

目录

1 绪　论

交通运输业是我国社会经济发展的基础产业，是推动我国经济发展和社会进步的强大动力。反过来，迅猛发展的社会经济需要与之发展相适应的发达完善的交通运输系统。新中国成立60多年来，我国的公路交通年客运量、货运量增长迅速，公路里程也得到了大大延伸，基本实现了县县通公路。尤其是20世纪80年代，高速公路在我国实现了零的突破以后，很快进入了高速建设阶段。

公路建设是社会经济发展的必然产物，它的产生、发展是与整个社会的政治、经济等发展息息相关的。改革开放以后，我国公路建设事业取得了突出成就。根据交通运输部最新公布的数据，到2010年底，全国已建成通车的公路总里程达到398.4万km，其中高速公路通车里程已达7.4万km。1988年，我国第一条高速公路——全长18.5 km的沪嘉高速公路建成通车。此后，又相继建成全长375 km的沈大高速公路和143 km的京津塘高速公路。进入90年代后，在国道主干线总体规划指导下，我国高速公路建设步伐不断加快，每年建成的高速公路由几十公里上升到1000 km，甚至高达5000 km。

交通部自2001年开始组织编制《国家高速公路网规划》，并于2004年底经国务院审议通过。根据交通部《国家高速公路网规划》采用放射线与纵横网络相结合的布局方案，我国2020年前形成由中心城市向外放射以及横贯东西、纵贯南北的大通道，由7条首都放射线、9条南北纵向线和18条东西横向线组成，简称为“7918网”。

公路建设属于线性工程，跨度范围大，大规模公路建设工程的开工建设在带来巨大经济效益和社会效益的同时，必然影响环境，诸如生态环境、社会环境等，在公路建设中，可造成的环境问题包括：选线不当会破坏沿线生态环境，公路建设占用大量耕地、林地，防护不当会造成水土流失；公路建设期施工机械和运营期机动车会对沿线的村庄、学校、医院等噪声敏感区域产生影响；路基施工中挖、填方以及水泥砂石的装卸、运输、拌和过程，各种施工机械以及运营期机动车排放的废气等会影响空气质量。如果这些问题得不到及时解决，将会严重制约高速公路建设事业的健康发展。

尽管公路建设会对生态环境造成一定程度的破坏，但公路交通对发展经济、建设小康社会的积极作用已得到全社会的认同，因此，决不能因噎废食，为保护生态环境而不发展公路交通，使一些地区处于封闭、落后、贫困状态，而应寻找公路建设与生态环境的相容性，在公路建设的同时，采取多种措施，尽可能地规避公路建设对环境造成的破坏，打造与自然和谐的“生态公路”。那么究竟应该如何理解“生态公路”的内涵呢?

1.1 生态公路理念

最初，生态公路建设理念的提出是从公路勘察设计领域发展的，随后又逐渐推广到工程建设和运营管理等与公路建设相关的多个领域。随着我国道路建设和环境保护、经济发展相关理论的不断进步，对于生态公路建设也产生了众多议论和不同观点。

①绿化说。这是目前大多数从事公路建设的实际工作人员所持的观点。他们认为生态公路就是要在路界范围内绿化、美化，以草皮护坡、绿树分割防眩为特点，再加以大面积的路旁行道树减噪吸尘。这种观点其可操作性和现实性较强，然而却具有理论和实践上的片面性和局限性。

②质疑说。很多学者认为公路作为一种带状的人工构造物，如果以自然生态系统的结构标准衡量，公路是一个失衡的生态系统，是不可能实现生态的自然调节的，因此生态公路的提法是不科学的。这里的“生态”不是简单地把公路看做生态系统，它是一种新的发展理念，是以生态学的理论与规律指导公路这一人工生态系统的建设，使公路的发展与环境相协调。

③替换说。有些人认为“生态公路”这一概念有些含糊不清，主张用“生态化公路”或“生态型公路”代替生态公路的概念。“化”强调转变过程，“型”强调状态模式，二者都有一定道理，但又都不全面，因为公路的建设与运营既有过程又是状态。还有人干脆只提公路生态工程，从工程的角度研究环境保护。这种提法概念具体，含义明确，易于操作，然而却根本无法代替“生态公路”。因为首先公路生态工程与生态公路的关系是子集与母体的关系，前者从属于后者，生态公路工程是实现生态公路的工程手段，公路生态工程的有益研究和实践必将对生态公路的发展起到良好的促进作用，其次“公路生态工程”只是一个点或至多可称为一条线，却难以形成面的概念。

因此，生态公路是指在公路规划设计、建设和运营过程中，将自然、人和公路进行有机的结合，融入生态设计方法，遵循自然发展规律，最大限度地减少公路营建对周围生态环境的影响。

1.1.1 生态公路的生态特征

“生态公路”是“生态”概念的发展与深化。“生态公路”的定义可以描述为：在尊重自然的前提下，将自然、人和公路有机结合，运用生态学原理，不以牺牲生态环境为代价进行建设和运营，强调人、自然与公路的和谐相处，形成生态、环保、安全、舒适、经济、景观和谐的、可持续的公路发展模式。

生态公路基础设施为货流、客流、能源流、信息流、价值流的运动创造必要的条件，从而在加速各种流的有序运动过程中，减少经济损耗和对公路沿线生态环境的污染。生态公路具有以下特征：

①效益最大化和可持续发展特征。生态公路建设的可持续发展思想体现在对自然资源利用的合理性和高效性上。在设计上考虑资源的最小消耗；在施工上合理组织，减少对不可再生资源及水资源的浪费；在运营期加强管理，要高效利用道路条件，保持交通畅通，减少车辆燃油消耗。

②整体性、协调性特征。在公路规划、设计、施工、运营、管理各个阶段统一思想，把研究对象放在地球环境、生物、资源、污染等诸要素构成的“公路—自然—经济—社会”复合系统中进行全面考虑，把性质不同的生态环境与公路经济系统研究有机结合起来，把对技术、经济、环境分析放在同等重要的地位，注重保护特殊性目标，注意解决区域性生态环境问题，协调公路项目实施过程中遇到的各种关系和问题。

③对生态环境最小破坏和最大恢复的特征。生态公路就是要在现存条件下，综合运用各种工程技术措施、生物措施、农艺措施、管理措施，将公路建设的破坏限制在最小范围内、降低到最小程度。而对于已造成的破坏采取最大可能的恢复措施，重建新的生态系统，并对占用的土地进行补偿。

④良好的景观生态效应的特征。生态公路在景观层面上的特征是最直观、最易被人感知的特征。因此，通过合理选线和利用路线特点，使公路路线最佳地适应于景观。努力营造出“脚下是路，周围是景”的行车环境。

⑤安全高效的特征。“生态公路”代表和谐与健康的生态景观，也代表安全与高效的交通职能，所以“生态”所代表的这种“和谐健康”首先应是公路系统运输环境的和谐健康。因此，生态公路必然要求行车安全舒适、运输高效便利。

1.1.2 生态公路理念的升华

原生态的保护是生态公路最重要的部分。比如，在公路规划建设过程中，要求模拟原生态景观，即高填开挖自然化，尽量模拟自然的形态。从整体景观上看，生态公路应该和周围的景观融为一体，尽量淡化人为的痕迹，降低视觉污染，提升路域景观的价值，实现景观的原生态风貌。

原生态公路是以生态效益、经济效益和社会效益的和谐发展为目标，运用和谐发展的科学原理指导公路工程实践，在公路的设计、建设中与自然环境相融合。要在公路建设项目整个周期里，综合运用各种工程措施，尽量减少对环境的破坏和污染，形成行车安全舒隧道的形式通过，洞口开挖成较缓的边坡，种草植树，被破坏的植被竣工后予以恢复。

No. 1公路Yverdon-Les-bains段是1960年规划，沿湖布线，对临湖的几个城市干扰较大，也不利于沿湖带的环境保护，因而设计方案几乎被否定。目前实施的路线向外移1～2 km止于山边，仅24 km的路线有隧道6座，总长9 km，桥梁8座，总长4 km，桥隧长度占54%，投资比沿湖方案增加了2倍，保护自然环境的理念得到了充分的体现。

1.2.2 国内生态公路建设典型范例

环境保护是我国的一项基本国策。近些年，随着我国国民经济的迅速增长，公路建设步伐越来越大，公路施工、运营期间的污染及对周边环境的影响等问题也大量凸显出来。如何面对公路建设产生的环境问题，如何按照现阶段我国实际情况，分析公路建设各阶段对环境的作用与影响，采取何种措施减少或杜绝公路环境污染、恢复路域生态环境，使公路建设对环境的影响控制在最小范围内，是摆在我们广大公路工作者面前的一项长期而艰巨的任务。在我国高度重视环境保护政策的指导下，高速公路建设也必须要高度重视环境保护，高速公路建设者必须从可持续发展的战略高度出发，在前期方案比较、设计方案选择、施工建设落实、运营管理养护的全过程中，全方位贯彻环境保护思想。

通过互联网收集及查阅有关报刊、文献的方式，我们在全国范围内选取了几条具有代表性的公路项目，将它们在生态公路方面的探索和取得的成功经验进行归纳、分析，力求寻找出这些项目在生态环境保护及景观再造方面的共同点，并与小磨公路的一些成功经验进行比较，用实例加以佐证生态公路的探索里程。本书所列举的这些公路项目，从分布地域、范围，项目所处自然、人文和经济环境等特点方面来说，均能较完整地代表目前我国公路建设的水平，尤其是在生态环境保护方面所取得的成果，从不同角度都能较充分地体现出新理念的要求，也为总结小磨公路生态公路建设的成功经验提供了较好的例证。

（1）川九公路

四川省川主寺至九寨沟公路，全长94.14 km，是交通运输部推出的第一条环保示范样板公路。在建设初期，交通运输部要求公路建设者们把川九路建设成一条安全、舒适，与自然环境相和谐的示范性生态公路。川九公路沿线穿越高山草甸和森林峡谷，自然风景秀丽、迷人。川九路建设者们遵照交通运输部的指示，以在建项目为依托，以保护生态环境为核心，坚持以人为本的理念，积极进行探索，取得了许多宝贵经验。他们的成功经验是：

①以“保护自然，融入自然”作为项目的基本准则。在实践中总结出“保护自然，融入自然”的生态公路理念，制定了设计上最大限度保护，施工中最小程度破坏和最大限度恢复的“三最”建设原则。

②施工中采取“三同时”原则。在项目施工过程中，打破了先施工后绿化，先破坏后恢复的传统做法，采取施工和绿化同时招标、同时入场、同步进行，在施工中坚定不移地

贯彻“最小程度破坏和最大限度恢复”的原则，避免相互脱节。

③保证质量、贴近自然、平整美观、安全舒适的原则。在路基、路面、边沟、边坡设计上，充分体现保证质量、贴近自然、平整美观、安全舒适的原则。

为了让游客观赏川九路美景，采取“露、透、封、诱”方法，取得良好的景观效果。“露”就是把好的近景露出来。川九公路旁有一条奔流的小溪，过去被弃土乱石挡住，施工中他们将弃土乱石清理走，让小溪露出秀美身姿，为愉悦人们出行增添了一道靓丽的风景。“透”就是要清除妨碍人们视线的障碍，让远处的风景“透”出来。“封”就是把景色不好的地方或区段，通过绿化的手段封起来。“诱”就是把景色不好又无法“封”住的，设法诱开人们的视线。

川九建设经验得到人们的广泛认可：公路建设一定要体现人性化的理念，一定要保护所经地域的生态环境。设计中要考虑到不破坏生态，建设中切实保护生态，建成后尽快恢复生态。对穿越景区的交通设施，不仅要保护好生态，还要利用好生态，建设景观设施，满足人们对出行更高层次的需求。

（2）阳茂公路

广东省阳江至茂名高速公路，是沿海国道黑龙江同江至海南三亚高速公路的一段，全长 79.76 km。

阳茂高速公路景观设计大胆创新，突破了景观古板、单一的传统框架，主要做法有：

①沿线精心设计 33 个景区，种植各类鲜花 100 多种。景区亮点频现，鲜花和绿色植物交相辉映，使人感觉到高速公路与自然环境融合无间，为大自然增色添彩。

②公路两旁一眼望不到头的边坡上，草木共生，野花组合，摇曳多姿。波浪形、扇面形、人字形的拱架，令人耳目一新。坡顶一排黄素馨，坡脚一排爬山虎，上挂下攀，让绿色成为边坡的基调。地毯式的绿色边坡上，点缀着波斯菊、长春花、金盏菊等成片的野花，令人赏心悦目。

③互通立交处则因地制宜，一处一景，有的以水景见长，有的以森林取胜。如程村立交，以群团栽种的大树为主；新墟立交种上挺拔的木棉，形成疏林草地的效果；马踏立交是水草交织的高尔夫球场风貌；观珠立交则以沙滩、芦苇、海南椰子树等组成的海滩景观。

④对桥头锥坡绿化也做了新的尝试，改变了片石浆砌的老做法，采用六角形砖铺砌，砖草共生，浑然一体。

⑤对全线的取土场、弃土堆、交界过渡带等黄土地段，铺草种树，覆盖绿色，回归自然。

⑥在各大桥的桥头，巧栽高大盆景树，与工地废弃的大石块组成景石配置，上镌篆刻，使人文、自然、大桥等建筑物相得益彰。

（3）宁杭公路

江苏省宁（南京）杭（州）高速公路（江苏段），途径南京的江宁县、溧水县、镇江的句容市、常州的金坛市、溧阳市、无锡的宜兴市，全长 152 km。该项目在建设中，在国内首次提出了“生态高速公路”的建设理念，采取“珠链”设计方法，通过“借景、引景、造景、遮景”等一系列手段，使路域周围环境有机结合，为广大用户提供了安全舒适、畅通快捷、赏心悦目的行车环境。

驱车行驶宁杭路上，沿途视野无阻，人文自然风光尽收眼底，沿途因地造势，路随景出，景由路生。在许多安全路段上，取消了路侧护栏，如影随形地镶嵌在林地、草地和湿地景观中，在优美和谐中表现出时代和人文特色。在不改变公路沿线原始植被结构和特征的基础上，选种了近百种当地特有植物实施沿途绿化工程，与周围原始植被和谐统一。

中央隔离带绿化，一改往日品种单一的传统，分别以紫薇、棕榈、龙柏、四季桂花为主要树种，辅以白三叶、金叶女贞、木兰、美人蕉等多种植物。沿线分层次种植了以杜英林、香樟树、竹林、茶树林等为主的七大林带。服务区则尽显典雅风情，在服务区与主路之间种植了大型银杏、梧桐、紫薇等树龄不一、高矮参差的树木，服务区的建筑则掩映其间，景色十分宜人，同时设置观景台供游人休息、赏景。

在开挖土方的路段，从优化环境考虑，把填筑路堤尽可能做成放缓坡度，通过绿化、美化，使路线两侧更加贴近自然生态环境，使沿线裸露地段的植被覆盖率达到 96.1%。

宁杭高速公路提出的“生态公路”理念可以理解为：以尊重生态为原则，运用生态方法设计高速公路，不破坏自然生态系统的连续性和周围环境的生物多样性，将高速公路融入良性自然生态环境系统中，以特有的生态环境作为高速公路的主要景观，又使高速公路成为自然环境中的一道景观。把公路建设成为生态高速公路的理念，体现了人与自然的和谐发展。

近几年来，国内公路建设的经验丰富多彩，繁花似锦，但也存在着一些不足。一是科学研究严重滞后于工程建设。二是由于草本植物的特点为浅根系，固坡护坡效果较差。三是植物配置不合理，生态习性相似，生态位重叠，容易导致病虫害的流行和恶性的种间竞争，使整个生态系统抗逆能力差，容易导致逆向演替，出现再次裸露和二次退化的问题。四是管理费用高。

为了提高我国公路建设中的环境保护技术水平，改善公路周边环境，促进我国环保建设的发展，实现生态环境的可持续发展，公路建设中的环保研究已成为迫切需要解决的问题。

小磨公路在吸收了国内公路建设经验的基础上，针对现阶段公路建设存在的环境问题，也进行了积极的探索。从公路工程、生态、地理、园林、建筑艺术、交通心理等学科的角度综合考虑，在对高速公路周围沿线的自然生态环境保护要素进行分析的基础上，研究小磨公路在规划设计期间、施工建设期间、运营管理期间可能产生的环境问题，提出一套比较具体的保护措施和公路景观规划设计，以尽可能的避免和减少对公路周围环境的破坏，并充分发挥小磨公路原有的地方民族特色，使公路景观绿化与沿线的亚热带自然雨林环境相协调，最终建成小磨生态公路。

2 小磨公路工程项目概况

小磨公路属西部开发省际公路干线及国道 213 线兰州至磨憨公路，是交通运输部计划的“十五”公路重点建设项目，也是国家高速公路网规划“9 条纵线”渝昆高速 G85 联络线——昆明至磨憨高速公路 G8511 的末段，还是我国西北与西南连接的重要路段之一。小磨公路在云南省的地理位置如图 2-1 所示。小磨公路是云南省干线公路网——骨架路网“9210”网中的 9 条放射线之一，全线布于西双版纳，也是西双版纳州的交通干线和重要旅游线路。

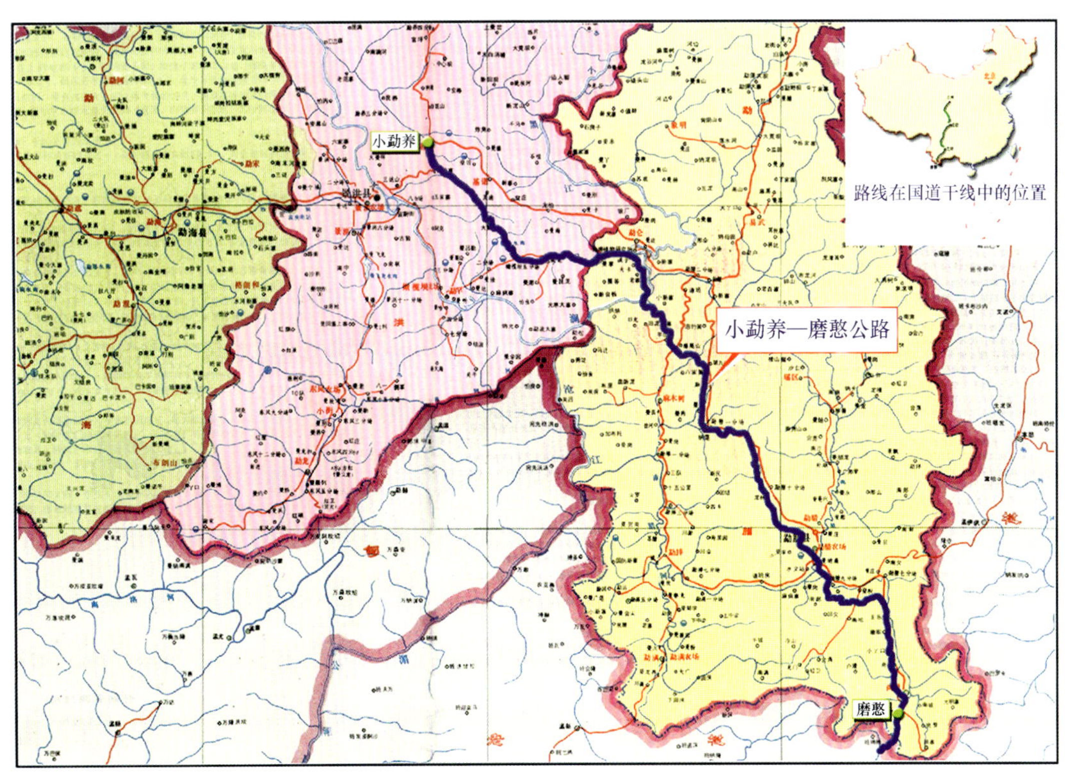

图 2-1　小磨公路在云南省的地理位置

小磨公路路线全长 199 km，其中主线长 169.4 km，连接线长 22.45 km，主线建成后比原公路缩短里程 46 km。小磨公路路线平面示意图如图 2-2 所示。

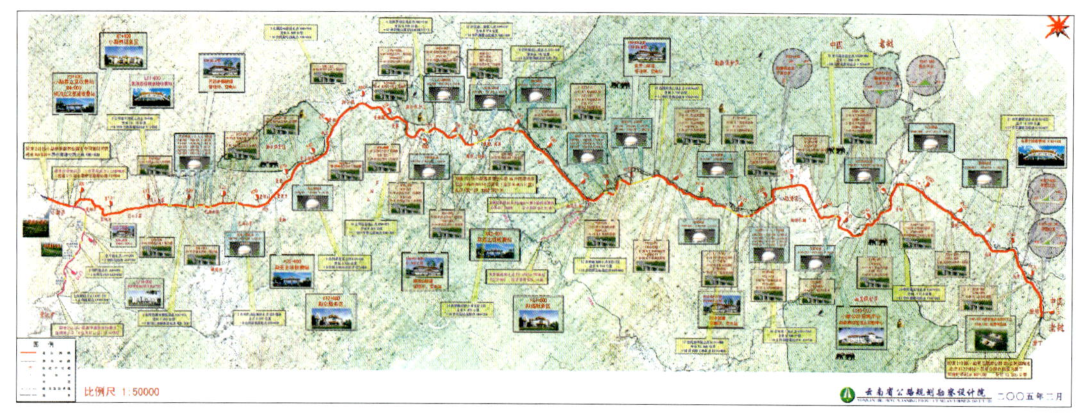

图 2-2 小磨公路路线平面示意图

2.1 区域自然环境状况

2.1.1 地理位置

小磨公路是国道 213 线兰州—成都—昆明—磨憨公路的一段，兰州—磨憨公路是国家西部开发确定的八大通道之一，昆明—曼谷国际大通道的重要路段，是我国连接东南亚、南亚的重要通道，其路网地位十分重要。它既是云南省南部主要的旅游干线，又是云南省对外开放，迎接国内外宾客的重要窗口。

2.1.2 气候水文

西双版纳地处东亚和南亚季风交汇的低纬度地带高原山区，山岭纵横，河谷幽深，地形地势的差异在很大程度上掩盖了气候随纬度变化的规律，而具有“十里不同天”的垂直气候特色，形成了复杂多样的气候环境。该地区热带、亚热带、温带等几种气候兼备，高温、多雨、湿润、静风，大部分地区终年无霜，是“没有冬天的热土”。沿线水系发育，罗梭河、南班河、南洁河、南腊河、南满河、南木窝河等支流均自北向南汇入澜沧江。

2.1.3 地形、地貌

小磨公路所经地区位于无量山脉的南延部分，地势北高南低。地形自北向南呈阶梯状递降，垂直变化较大，沟谷切割深，密度大，构造发育。除勐养、勐仑、勐醒、勐腊、磨憨等小型山间盆地外，多属于中高山区，路线所经地段最高点藤篾山，海拔 1097 m，最低点勐仑，海拔 533 m。

小磨公路所在区山脉走向与区域地质构造线基本吻合，多为北、北西—南东向延伸，河谷的发育多受地质构造和岩性制约，常见断裂谷、背斜谷，属中切中山、浅切中低山和低山丘陵地形。根据地貌特征及山岳分类，将项目所在区划分为侵蚀堆积、构造侵蚀、构造溶蚀三大地貌类型。

2.1.4 生态植被

西双版纳保存着北回归线沙漠带上原始风貌最完整的热带雨林，1986 年经国务院批准为国家级自然保护区，1994 年被联合国教科文组织接纳为联合国生物圈网络成员。西双版纳保护区是中国热带森林生态系统保存比较完整、生物资源极为丰富、面积最大的热带原始林区。保护区由互不连接的勐养、勐仑、勐腊、尚勇、曼稿 5 个子保护区组成，全州有国家级自然保护区 402.17 万亩，原始热带雨林 70 万亩，森林覆盖率达到 63.68%。

小磨公路占地区域不属于自然保护区范围内，该路段已无原始林，大部分路段为次生林、灌草丛及农业用地（包括橡胶林、薪碳林、茶园和果园）。但在与自然保护区接近的部分路段，包括勐养菜阳河至大曼伞段、与勐仑和勐腊自然保护区接壤的部分路段、与尚勇自然保护区接壤的部分路段以及磨歇—磨憨段与橡胶林和茶园相间分布有小片半原始林及次生林，除次生林及灌草丛外，主要影响到热带季节雨林、石灰岩山季节雨林、石灰岩山季雨林、落叶季雨林和季风常绿阔叶林这 5 种原生植被类型。

2.1.5 动植物

通过调查，小磨公路沿线共记录有种子植物 114 科，448 属，750 种。这 750 种植物隶属于 11 个大的分布类型，其中以热带亚洲分布及其变型占大多数，共有 498 种，占总种数的 66.4%。珍稀保护哺乳类有 20 种，其中国家Ⅰ级重点保护野生动物有亚洲象、印度野牛、小鼷鹿等 10 种，国家Ⅱ级重点保护野生动物 10 种。珍稀保护鸟类约有 26 种，除绿孔雀外，均为国家Ⅰ级重点保护野生动物；两栖类仅有 2 种（红瘰疣螈和虎纹蛙）被列为国家Ⅰ级重点保护野生动物名单；珍稀保护爬行类有 9 种，其中仅有圆鼻巨蜥和蟒蛇 2 种为国家Ⅰ级重点保护野生动物；鱼类虽然特有种类较多，但被列入保护名单的仅双孔鱼和长丝芒 2 种，而且仅是云南省的Ⅱ级重点保护动物。

从分布看，基诺片、勐仑片及其邻近地区珍稀保护动物最少，仅分别有 37 种和 34 种；尚勇片及其邻近地区有 50 种；最多的为勐腊片及其邻近地区，共计有 57 种。

2.2 区域社会环境状况

小勐养至磨憨公路是国道 213 线兰州—成都—昆明—磨憨公路的最后一段，直通中国与老挝边境，是云南省“三纵三横”路网的主骨架之一，是云南出省通边、经济旅游的一条便捷途径，也是国家西部开发八大通道之一和国际大通道——昆曼公路的重要组成部分。路线起点位于小勐养至景洪公路上，止点位于磨憨昆曼公路中国境内，即中老边界，全长 174.927 km。作为走向东南亚各国及开发澜沧江——湄公河流域的重要通道，与邻国缅甸、老挝、越南、泰国等进行经济贸易及友好往来的纽带，且区位优势明显、路网地位十分重要。该地区是云南省少数民族发源地之一，居住着傣、哈尼、彝、基诺、布朗、普米等少数民族。沿线社区居民点主要有小勐养、菜阳河、勐仑、勐远、勐腊、尚勇、磨憨等村镇。社区公路等级低、路况差、交通很不方便。沿途人口密度不大，物产丰富，经济尚不够发达。经济作物有甘蔗、茶叶、橡胶、香料、药材、热带水果等，矿藏有铁、锰、锡、钛、煤等 20 余种，水电资源丰富，工业造纸、水泥、制糖、化工、编织等轻工业。因独具特色的热带雨林、多彩纷呈的民族民间文化风情，使该地区旅游业相当发达。小磨公路的建设，对促进区域经济贸易发展、旅游业的进一步开发利用具有重大的意义。

2.3 小　　结

小磨公路穿越热带雨林和国家级自然保护区，其所处生态环境的独特性和唯一性是最主要的特点。保护生态环境成为小磨公路建设所需要解决的首要问题和难题。为提高小磨公路在保护沿线特殊生态环境方面的认识，强化生态公路建设理念与小磨公路自身特点的结合，在保护生态环境的同时营造具有地域特色的公路景观，小磨公路在设计和建设阶段，借鉴了国内外比较流行和成熟的生态工程及景观设计理念，同时也针对自身的特点进行了创新。

小磨公路成为云南省和我国西部社会经济生活的运输大动脉，对促进沿线地区的经济发展，加强沿线地区的内外部联系，进而推动全省社会、经济及旅游业向更高层次的发展具有重要的作用。

由于小磨公路沿线自然特征明显，工程特点突出，路网功能明确，具有较大的社会影响力，因此被交通运输部确定为部省联合组织实施的第一批勘察设计典型示范工程。

3 典型示范工程及环境保护管理体系

小勐养至磨憨公路（简称“小磨公路”）从西双版纳热带雨林边缘穿过，是国家西部开发省际公路干线及国道213线兰州至磨憨公路的重要组成部分，是昆明至曼谷国际大通道在我国境内的最后一段，也是全国第一条全线越过热带雨林的公路。根据交通运输部下发的《关于开展公路勘察设计典型示范工程活动的通知》，小磨公路由于具有国际大通道和旅游公路的双重性质，社会影响较大，在省交通运输厅领导的帮助下和小磨公路建设项目指挥部积极争取下，交通运输部将小磨公路列为部、省联合组织实施的云南省第一条“典型示范工程”，要求小磨公路从组织上、理论上、设计上确立按交通部颁布的“典型示范工程”的标准和要求进行建设。

小磨公路建设中，借鉴国内外成功的经验，勇于创新和探索新的设计理念与思路，灵活运用技术标准和各项指标，突出区域民族特色，坚持自身特有的设计优势，打造以人为本的具有人性化、个性化的安全、环保、舒适、和谐、经济的国际运输大通道及旅游观光公路。

小磨公路坚持以科学发展观为指导，以交通运输部的有关要求为准则，以全面提升公路建设品质为目标，按照“理念是设计的先导，设计是建设的灵魂，施工是工程的关键，管理是品质的保证”的建设思路，针对小磨公路的特点，创新四大设计理念，遵循五个设计原则，全力推进示范工程建设。

3.1 典型示范工程

3.1.1 四大设计理念

小磨公路的建设以交通运输部《公路勘察设计典型示范工程咨询示范要点》的要求为

准则，按照典型示范工程的建设目标要求，以锐意创新的态度和大胆探索的勇气，创新了小磨公路的建设理念，在设计中主要坚持了四大设计理念。

（1）坚持以人为本，安全第一保通畅的理念

交通行业的核心价值是“用户第一，行者为本”。在公路建设中体现“以人为本”的要求，就是要把不断满足人们的安全便捷出行作为最终目的，把安全通畅作为根本要求，把安全作为设计和建设考虑的首要因素。

小磨公路突出了“以人为本，安全第一”的人性化理念，在设计中对全线可能存在的安全隐患进行了分类、分解和消化，因地因需增设了辅助车道、左转车道、紧急停靠带和爬坡车道、自救匝道等，最大限度地保障道路设施安全及运营安全，确保安全通畅。

（2）坚持尊重自然，保护环境重生态的理念

小磨公路在建设过程中坚持“不破坏就是最大的保护”的理念，坚持最大限度的保护，最小程度的破坏，最强力度的恢复，使工程建设顺应自然、融入自然。

小磨公路针对沿线的自然生态环境，重视尊重自然、保护环境、保护生态理念的落实。路线设计避让3个国家级自然保护区，施工采用路基二次清场，桥梁局部清场，隧道零开挖，植物移栽、假植等最强力度的恢复生态技术方案，有效地维护了生态，保护了环境。

（3）坚持科技创新，创作设计促和谐的理念

加强科技创新，开展关键技术攻关，攻克建设技术难题，是提高公路建设品质和品位的前提和基础，在公路的设计中充分应用理论研究成果，增加设计的科技含量，提高设计的质量与水平。

在小磨公路的设计中，坚持以科技创新为支撑，积极吸收相关课题研究成果，针对工程建设实际，全方位开展创新选线、路侧净区等创作设计，促进了人、车、路、自然、文化的和谐统一。

（4）坚持提高品质，典型示范创品牌的理念

交通运输部实施典型示范工程，其目的就是要以点带面，整体推进，促进全面发展。作为典型示范工程，就必须是高品质、高品位、具有推广价值的项目。

小磨公路以典型示范工程的建设目标和相关标准作为要求，提出了“四个第一”的建设思路和提高建设品质、创建公路品牌的建设目标，并将其贯穿到设计与施工的全过程之中。

3.1.2 五个设计原则

围绕全力打造具有人性化、个性化的“安全、环保、舒适、和谐、经济”的国际大通道和绿色旅游观光路的目标，小磨公路在总体设计上，不仅坚持四大设计理念，而且自觉遵循安全性原则、服务社会原则、尊重地区特性原则、整体协调原则及自然性原则五个基

本设计原则。

（1）安全性原则

安全是设计和建设考虑的首要因素。坚持以人为本，安全第一，设计中结合工程实际，采取一切有效方法和措施，把公路的设施与公路自身的安全、运行车辆行驶的安全及行人的安全放在设计的首位。

（2）服务社会原则

小磨公路的建设有利于大湄公河流域各国之间经济、文化的交流和发展，有利于云南和西双版纳的经济发展和进步。为此，在设计中，对社会环境有重大影响路段，按可持续发展原则进行方案论证与优化，同时尽量少占农田，方便居民、村庄及学校，尽量保护名胜古迹，尽可能展示路域特色文化等。

（3）尊重地区特性原则

尊重西双版纳特有的地理位置、地形地貌、气候气象、风土民情及社会环境等特性，在设计上，从内容到形式尽可能融入西双版纳的地域风情与民族特征。

（4）整体协调性原则

在设计中，把公路线形、路基路面、桥隧交叉、沿线设施等与沿途地形、地貌、热带雨林特征及傣、基诺民族传统文化融为一体，整体考虑。

（5）自然性原则

遵循“不破坏就是最大的保护”原则，保护、利用和开发西双版纳原有的热带雨林资源，将公路主体作为一种配置资源融入西双版纳自然及民族环境，营造一种“路在林中展，车在路上走，人在画中游”优美的公路交通环境。

3.1.3 “四个第一”的建设思路

小磨公路按照典型示范工程的高标准要求，坚持高起点规划、高水平设计、高质量建设的基本指导思想，努力将“四个第一”的建设思路贯穿到项目设计、施工和管理的全过程之中。“四个第一”即：

设计的第一追求：通过理念创新促进设计创作，通过创作设计促进建设品质提高；

施工的第一准则：施工全过程最大限度保护环境，最强有力恢复生态；

建设的第一动力：通过科技创新提高建设品质，通过提高建设品质，更好服务经济社会发展；

验收的第一标准：把小磨公路真正建设成为“安全、环保、舒适、和谐、经济”的国际大通道和生态文化特色鲜明的旅游观光路。

为全力打造以人为本的具有人性化、个性化的“安全、环保、舒适、和谐、经济”的典型示范工程，省交通运输厅还成立了小磨公路勘察设计典型示范工程领导小组，具体负责小磨公路勘察设计典型示范工程的组织、协调和实施，指挥部也专门成立了典型示范工程办公室，组织编写了典型示范工程实施细则，科学而较好地指导了工程设计工作，为建设好小磨公路典型示范工程打下了坚实的基础。

3.2 环境保护管理体系

小磨公路穿越热带雨林，其建设线位特殊、涉及面广、投入资金多，社会影响大，为确保小磨公路典型示范工程“环保”目标的实现，在建设过程中建立了全新的环保工作管理体系，保证了建设环境的保护和水土保持工作的有效实施。

3.2.1 建立健全环境保护管理组织机构

为实现小磨公路环境保护设施和措施与主体工程同时设计、同时施工、同时交付使用，严防环境保护措施和主体工程建设脱节，建立了严谨有序的管理机构，使小磨公路建设期间的环保工作有序运转。小磨公路建设环保组织结构图如图 3-1 所示：

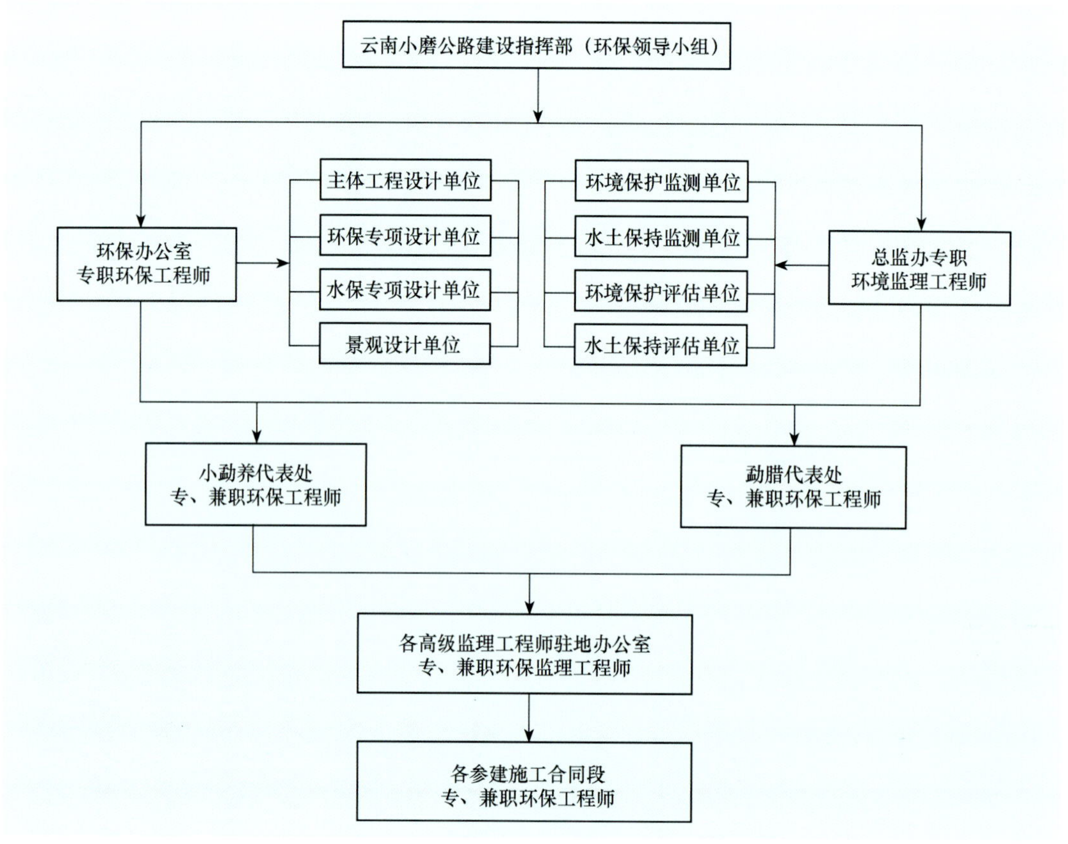

图 3-1 小磨公路建设环保组织结构图

3.2.2 创新建立公路建设环保管理机制

规范化管理和规范化施工是现代文明的需要，也是高效推进各项环保工作的有效途径，因此为提升环保管理工作成效，指挥部根据工程特点创新编制了《云南小磨公路项目勘察设计典型示范工程管理办法》、《项目环保、水保管理指南》，用于指导小磨公路建设过程中的环境保护管理工作。项目指挥部按照环保、水保专项工程，具有环保、水保功能的主体工程及环保、水保临时工程进行分类和统计，建立工程台账，真实反映小磨公路建设期间在环境保护和水土保持方面的工程措施及投资情况，使小磨公路的环境保护和水土保持工作成果数据化（图 3-2）。

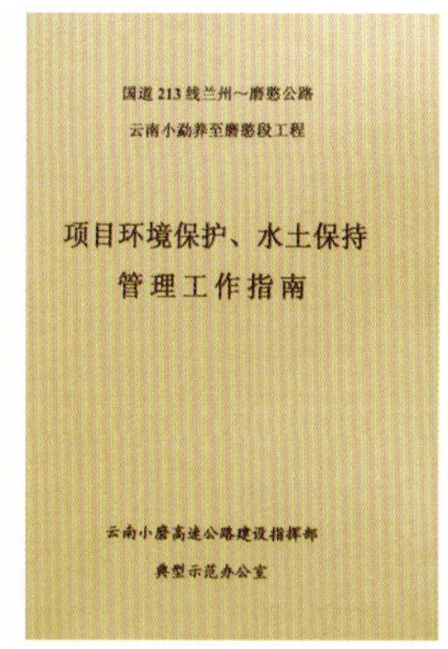

图 3-2　小磨公路环保水保建档资料

通过环环相扣、步步紧跟的规范化管理，保证了环境保护工作的高起点、高标准，建立了现代公路建设环保保护工作管理体系，克服管理漏洞，有力促进了建设环境保护管理工作的全面提高。

3.2.3 科学、系统的环保、水保监测工作

小磨公路建设期间，高度重视环境监测工作，为使环保管理工作科学化、数据化，委托具有监测资质的监测单位，通过对小磨公路施工现场的全面调查，确认环保和水土流失监测重点，同时按照环境影响报告书和水土保持方案的监测要求，以及国家相关监测标准，编写和细化符合建设环境保护、水土流失的监测方案，确定具体的监测点位和监测办法。

监测单位通过对小磨公路建设期间沿线生态、声、气、水环境敏感点及水土流失重点区域进行现场布点监测、数据整理，对施工期给周边环境造成的影响进行分析、评估，对环境污染的成因、数量、强度、影响范围及环境保护工程实施效果等进行动态观测和分析，形成定期的环境监测报告，同时指出存在的环境保护问题和隐患，指导环保管理和监理工作。小磨公路建设期间环境监测如图 3-3 所示。

水土流失监控

现场声音监测

图 3-3　小磨公路建设期间环境监测

通过制订系统科学的环境保护管理体系，使小磨公路的建设和运营符合国家经济建设和环境建设同步规划、同步实施和同步发展的“三同步”的基本指导思想，为环境保护措施得以有计划的落实以及地方环保部门对工程进行监督提供依据。

通过实施环境管理计划，将小磨公路建设对环境带来的不利影响减缓到最低限度，使公路建设的经济效益和环境效益得以协调、持续和稳定发展。

4 生态环境保护措施

1990年以来，伴随着我国高速公路大规模建设，通过引进国外先进技术和自主创新，我国的公路生态环境保护技术也得到了蓬勃发展。

总体来看，我国当前的公路环境技术是在向宏观和微观两个方向拓展。宏观方面主要是通过整合3S技术（Remote sensing，RS，遥感技术；Geography information systems，GIS，地理信息系统；Global positioning systems，GPS，全球定位系统）的应用，在对生态影响进行量化处理的基础上，努力在交通工程的规划设计阶段，将交通设施建设的生态负面影响降至最低，并在有可能的情况下，将其纳入公路工程费用效益分析范畴；此外，宏观方面的公路生态技术还包括利用3S技术建立交通生态管理信息系统，实现公路生态保护管理的自动化、信息化和可视化。微观技术应用主要以具体交通工程设施的设计和建造技术创新为代表，通过建造更加自然、合理、美观的设施，尽可能增加交通工程实施的生态正效应，例如边坡生态恢复技术、更加节约用地的桥梁隧道设计、附属区污水处理技术、生态型水沟及声屏障技术等。一般而言，这些工程上的技术创新常常与有关“生态公路”建设联结在一起。

小磨公路建设围绕四大设计理念和五个设计原则展开，主体工程设计以安全为核心，以环保为主线，以路线为龙头，以服务经济发展为目标，逐层、逐项展开策划和创作设计，同时各专业设计人员以勇于创新的精神，积极探索和灵活应用技术标准和各项指标，结合工程实际开展创新设计。

4.1 坚持以路线为龙头，积极探索创新选线

公路选线结合地形、地物，针对路线所处区域的不同环境特征，对不同的环保对象，进行不同的设计。在路线方案选择和具体位置确定方面，尽可能减少占地拆迁、空气污染和交通噪声对环境造成的影响，并尽可能减少对山体切削和植被破坏，由此造成对景观的影响，尽可能避让城市、乡镇和其他环境敏感目标。工程勘测人员现场调研照片如图4-1所示。

4.2 重视路线与结构方案的比选

树立“全寿命周期成本”的设计理念，综合考虑技术指标、工程造价、环保和地质等因素，适当增加中小桥及短隧比例，避免高填深挖造成的地面扰动和生态环境破坏，尽可能的降低公路建设的环境成本。

4.2.1 强调公路结构物与自然环境的协调

在路线经过山岭、沟谷或热带雨林残片植被密集的路段，设计中适当增加桥梁、隧道比例，通过桥梁跨越或隧道穿越（图 4-8），减少对生态环境的扰动和破坏，保护珍贵的雨林资源。

在沿河段设计中，采用设置桥梁结构，既保护了生态植被，也避免了因公路建设可能新增的水土流失。在坝区路段设计中，采用设置低矮路堤、挡土墙等结构物，减少农田占地。

4.2.2 公路结构物与环境敏感点的协调

公路结构物的设计，从建设成本、社会成本和环境成本全方面进行比选，对重要的环境影响敏感点进行避让，以降低公路建设对环境保护目标和社会可能造成的不良影响。

景洪连接线 K4＋763.34 ～ K7＋973.19 段路线经过著名的热带森林公园风景区路段（图 4-9），并与勐景二级公路存在较大干扰，布设相当困难。由于在狭窄的走廊带上，路线无法移动调整，设计中采用设置桥梁隧道，对其进行了避让和保护。虽然工程造价略高，但合理地利用了地形，很好的保护了该路段的生态环境。

4.2.3 公路桥隧方案比选实例

小磨公路在途径雨林谷公园风景区路段时，在初步设计中，具有两个路桥设置的比选方案，方案一若采用路线靠山布线方案，则需开挖一定高度的路基边坡，将对原地形和植被造成破坏，影响雨林谷公园完整的原始森林景观；方案二施工图设计中，将路线外移，设置桥梁工程，同时考虑该区域有大型野生动物活动，通过适当抬高路线高程，合理设计高架桥的跨度和高度、各桥墩间的间隔距离和高度以及高架桥与隧道的连接方式等方案（图 4-10），不仅保护了原有植被，并避免了由于桥墩设置不合理可能影响大型野生动物的迁移和活动通道的问题，以此减缓公路对环境的负面影响。

龙茵段路隧设计方案比选中，若采用路基明槽，其开挖山体的高度达 30 m 以上，清场时需要砍伐橡胶林并增加公路占地面积，因此采用短隧穿越的方案，避免开挖路基明槽

图 4-8 | 图 4-9
图 4-10

图 4-8　桥梁跨越或隧道穿越

图 4-9　公路穿越热带森林公园桥梁设计

图 4-10　雨林谷公园风景区路段路桥设计

造成的环境破坏（图 4-11）。保留了成年橡胶林，维护了当地民众的经济利益，实现了公路建设与环境保护及社会成本的和谐统一。

罗梭江段路桥设计方案比选中，路线通过沿山脚布设桥梁方案，既节约了路基填方可能占用的农田耕地，也避免了环境破坏和水土流失，并使公路与自然环境融为一体（图 4-12）。

图 4-11 龙茵段路段隧道设计

图 4-12 罗梭江段保护耕地的路桥设计

4.3 野生植物的保护措施

公路建设是发展经济的必要条件，但也必然对生态环境造成负面影响。西双版纳自然保护区的主要保护对象，就植被而言，主要是热带雨林。

为践行“不破坏就是最大的保护”的建设和管理理念，将资源节约和环境友好的建设要求较好地落实到设计与施工全过程中，最大限度地保护好施工地段原有植被和自然资源，指挥部未雨绸缪，在施工进场和工程开工之前，做了大量前期工作，委托西南林学院对小磨公路沿线植被进行了实地调查（图 4-13），编制了《地面植物名录及移栽技术说明》一书，作为小磨公路用地范围内具有经济价值和观赏价值的乔灌木进行移栽、假植和回迁的技术指导用书。

图 4-13　小磨公路周边地面植物名录及移植技术

4.3.1 清场前大范围野生植物的移植

为体现“尊重自然、保护环境”的环保理念，建立一个与自然环境友善和谐、污染程度小、土地使用合理、能源消耗适度的绿色公路交通体系，小磨建设者开创了一系列山岭重丘区公路建设的环境保护措施，对公路走廊带内的天然森林进行了有效保护，取得了令人瞩目的成绩。其中路基清场前，野生植物的移植这一环保措施，取得了专家们的一致好评。

通过对小磨公路建设可能带来的环境影响进行专题研究，建设者围绕环保创新的理念，有针对性的提出了建设期间的环境保护措施。对于涉及国家级和省级重点保护植物，因工程建设的需要对其进行移植或毁坏的，按有关程序正常上报，得到相关主管部门批准后，才动工兴建。同时建设过程中对公路沿线热带雨林的本地野生植物物种，选择性地进行培育和驯化，使其运用到小磨公路的绿化建设中，并着重研究了创造和谐的、自然的公路景观所需采取的技术措施。

建设者在路基清场前，对清场范围内的野生植物进行了实地调查，对于不同保护级别以及不同生活习性的植物，分别采取相应的措施进行迁地保护。对于国家级重点保护植物和欣赏价值高的野生植物采用就近移植（图 4-14），以及假植后二次移植回迁的方式进行保护，尽最大努力减少对它们的破坏。对于不能直接繁殖的种类，采用了空中压条、组织培养等方式进行繁殖。

在路基清场前，施工单位和监理工程师首先进行现场调查，对需要移植的野生植物进行确认和标记，再通过编写和审查移植方案后，合理组织移植工作。移植过程中对确定移植的野生植物小心挖掘，并按照植物移栽规范保留了足够大的带土球团（图 4-15），以确保成活率。

对于将要或可能受到破坏的珍稀植物，在施工前尽可能地移植到邻近的林地中。为安置移植的野生植物，全线共设置了 12 处移植、假植地（图 4-16）。

对于移植的野生植物，安排专人进行日常管理和精心养护，定期进行除草、修枝、浇水、施肥、除虫等工作，提高移植成活率（图 4-17）。当地林业主管部门相关人员与指挥部环保工作管理人员对项目移植工作也进行了跟踪、指导和检查（图 4-18）。

经过缜密的环保管理工作，在小磨公路路基清场前，顺利完成了对公路范围内野生植物的调查、编号和移植等工作，创造了山岭重丘区公路建设大范围移植野生植物的先例，有效地保护了热带雨林的优势物种和植物的多样性。通过植物移植，保护了

图 4-14　就近移栽野生植物的现场照片

移植植物调查、标记

起球

植物挖掘

山地移植搬运

图 4-15　植物移栽现场照片

图 4-16　勐宽、勐远假植地及其移植植物

图 4-17	图 4-18

图 4-17 对移植的野生植物进行日常养护

图 4-18 专家对移植工作进行跟踪、指导和检查

国家保护植物有16种，如董棕、金毛狗等（图4-19）8000多株，一般野生乔木100多种15余万株。

4.3.2 移植野生植物的再利用

植物移植和回迁一直是小磨公路建设中环保工作的重中之重。野生植物的回迁，正确处理了节约资源和公路发展的关系，合理有效的利用了有限的天然资源。小磨公路绿化恢复时，利用移植的野生植物将其回迁到挖方边坡、路侧平台、平交、立交、观景台等地，让它们来源于自然，又还原于自然，并丰富了公路沿线景观界面（图4-20）。

董棕

金毛狗

图4-19 国家保护植物移植成活情况

图4-20 回迁到平交、路侧平台的部分野生植物

图 4-24 桥梁施工过程中对两侧植被的保护

4.5 隧道工程环境保护措施

高速公路隧道环境保护建设是公路隧道建设的主要组成部分之一。为了最大限度的保护隧道洞口的生态植被，小磨公路全线推广隧道零开挖进洞技术。隧道零开挖进洞技术即摒弃传统的大面积开挖边、仰坡的进洞方式，只考虑隧道进口断面、套拱位置及一定的施工作业平台，进行洞口清场，实现绿色进洞、安全进洞的环保目标。采用零开挖进洞技术后，因避免了开挖隧道洞口的边、仰坡，减少了洞口土石方开挖及坡面防护的工程数量，降低了洞口坡面坍塌或滑坡的隐患，在减少对洞口原地形地貌扰动的同时，也节省了大量的工程费用，并淡化了人工建设痕迹，为隧道洞门设计留下可供创作的广阔空间，并获得较好的隧道洞门景观效果（图4-25）。

图4-25　隧道零开挖进洞施工前后对比照片

4.6　噪声防治设计

根据小磨公路环境影响评价报告对交通噪声的监测结果，小磨公路沿线多数村寨都分布在213国道或其他道路附近，受现有道路交通噪声影响较大，环境噪声监测结果都偏高。为使小磨公路沿线两侧居民、学校有一个安静的工作、学习和生活环境，根据试通车期间对噪声敏感点进行的监测，对噪声超标敏感点位，采取种植绿化林带降噪、加设声屏障等相应的噪声防治措施，并针对距离小磨公路不同距离的敏感点，采取了不同的噪声防治技术。

4.6.1　穿村的敏感点

针对小磨公路穿越村庄时，公路两侧采取吸声型硬质隔音墙，并结合垂直绿化，建立生态型的隔音墙（图4-26），既可以保证两侧居民、牲畜的生命安全，达到减噪的目的，又可以垂直绿化，还可以净化村庄的空气环境，公路环境与村庄环境相协调。如磨憨镇、曼梭等。

4.6.2　环境敏感点距公路一定距离的村庄或学校

针对距离小磨公路具有一定距离的村庄或学校，采用生态声屏障，如种植带刺的大灌木作为绿篱，保证阻隔作用，种植密植常绿乔灌植物带，且至少30 m，以减少噪声（图4-27）。如曼外老寨、曼伞、勐醒农场等。

图 4-26　硬质声屏障与垂直绿化相结合的生态型隔音墙

图 4-27　利用植被作为生态声屏障

4.7 污水防治设计

4.7.1 设置节能降耗生态污水处理系统

为保证小磨公路沿线服务区、停车区、收费站等服务管理设施的排污废水经处理后，水质达到《污水综合排放标准》(GB8978—1996) 一级标准，结合各站点日常用水量、周边污水接纳环境，采用“生态填料污水土地处理系统”作为污水处理系统（图4-28)。生态填料土地处理系统，是一种新的生态土地处理工艺，其主体系统埋于地下，不占用土地，运行及后期维护费用低，使用寿命长，处理过程无噪，无臭味，无不良气体排出，处理后水质优于一级标准，具有经济、操作简单、维护方便、运行稳定、无异味产生的优点。

经过生态填料土地处理系统的排水，可回用于绿化用水，在节约用水资源的同时，实现了景观建设与环保生态效益的统一。

图4-28　生态填料污水土地处理系统

4.7.2 设置桥面径流收集系统

为了避免小磨公路跨南腊河、勐远河、南木窝河桥梁的桥面排水直接排入河中，桥梁桥面设置了桥面径流收集系统，将桥面径流收集后，引至桥梁两端设置的集水池，经沉淀处理后，沿公路排水边沟排放（图 4-29）。

图 4-29 桥面径流收集系统

4.8 其他环境保护措施

4.8.1 公路隧道太阳能照明系统

良好的隧道照明是创造隧道洞内良好的视觉环境，确保车辆以设计速度能够安全地接近、穿越和通过隧道，同时也是隧道运营费用最大的日常开支项目之一。遵循技术先进、科学合理、安全可靠、经济、环保、适用的指导思想，决定小磨公路中的隧道照明，采用太阳能照明。

在隧道照明系统的研究过程中，主要对太阳能供电系统运用于公路隧道的关键技术以及如何最大限度的利用太阳能资源进行了研究，并将研究成果成功的运用于勐远 1 号隧道内照明，通过并网逆变器、双向逆变器、综合智能控制器、LED 灯等设备，使太阳能供电系统达到最佳效率状态。这一创新环保技术，运用于公路建设，使公路建设与资源、环境的可承载能力相适应，以最小的资源消耗，实现绿色交通和公路建设的可持续发展，为建设资源节约型、环境友好型交通，提供了成功的实例（图4-30）。

图4-30 隧道太阳能供电实例

4.8.2 古树名木与公路和谐共处

对古树名木进行保护最直接有效的措施就是远离，从而避免公路与古树名木及其一定范围内的生长环境产生交叉，从源头上解决古树名木的保护问题，当路线无法远离时再考虑采取其他工程措施。

小磨公路勐宽平交路段，在施工测量放线过程中，发现一棵百年古榕树，刚好位于路基中线，为了保护这棵古榕树，设计单位及时采用动态化的设计手段对路线进行调整，通过设置分离式路基，对古榕树进行了避让，该设计方案不但完好的保护了古榕树，还打造了独特的标志性地域景观（图 4-31）。

图 4-31　勐宽平交路段对古榕树的保护

小磨公路建设中始终遵循了环保优先的原则，将环保理念贯穿公路规划、设计、施工和运营的全过程。其中设计阶段的环境保护是关键，它从根本上可以减少公路建设对环境的冲击和影响。而在公路设计中引入 3S 高新技术，可以增强公路设计和环保方案决策的科学性、规范性，提高决策效果的经济效益。

5 水土保持措施

公路建设活动对生态环境及人类生产生活的种种不利影响往往伴随建设、运营活动的全过程，严重时会制约经济社会的可持续发展。因此，伴随公路建设，人们对路域生态工程的科学研究与技术开发的努力就从未停止过。路域生态工程技术经历了从传统的人工植树种草阶段到机械建植为主、人工建植为辅的阶段。我国最初的公路绿化模式就是种行道树，绿化技术主要是借鉴林业部门的造林技术。随着全国公路网的初步形成，绿化的范围扩展到公路边坡，园林部门的种草和铺草皮技术被引入公路领域，并与植树技术相结合，形成了公路绿化的传统模式。高等级公路的建设促使我国公路路域生态工程技术开始向现代化转变，以机械喷附为代表的新的植被建植技术，在国内许多高速公路建设中被尝试应用，绿化范围也从公路边坡扩展到中央分离带、互通立交和服务区，全方位、立体式、多功能、景观生态的设计理念和绿化模式，正成为我国公路路域生态建设的指导思想。

当前，具有中国特色的现代化公路路域生态工程技术体系框架结构已经初步形成，但公路生态工程技术应用中也存在不少问题，例如片面强调机械植草技术（液压喷播等），而对与之配套的植被设计问题，客土养分配比问题缺乏系统研究；片面强调短期效果（迅速见绿），大量使用进口草种，忽略了植物群落的稳定性、自我更新能力；缺乏考虑区域差异、路段差异，盲目使用某种技术，造成返工或后期养护困难；不能将扦插、移栽等传统技术与现代技术有机结合，造成景观单一、水土流失防治效果不理想等。

5.1　小磨公路水土流失现状

小磨公路地处丘陵及中低山区，区域地形起伏较大，自然坡度较陡，坡面长。降雨频度分布不均，成土母质主要以花岗岩、千枚岩、砂页岩和紫色砂页岩等为主，风化所形成的红壤、赤红壤、砖红壤以及砂壤等多分布于山区和半山区，抗冲刷能力差。植被覆盖率高，但植被分布和覆盖程度不均匀。路基高填深挖、桥梁及隧道较多是其显著的工程特点。因此，小磨公路的水土流失将主要发生在路基开挖和填筑后形成的裸露面以防止边坡跨塌。

（2）边坡绿化防护技术

小磨公路边坡高而陡，地质情况复杂、破碎，坡面上浅层、松散的土体，会因重力产生滑动下落，使得植物生长所需的土壤和水分难以保持，加之该地区单点暴雨多而集中，降雨量大而强，坡面受雨水冲刷造成一定程度的表土流失，对坡面覆土及植物生长极为不利，坡面自然植被的恢复极为困难。

特别是石质边坡防护效果受多方面影响，其中，岩石特性是最主要的影响因素之一。岩石边坡异质性强，生态环境恶劣，缺乏植物生长的土壤条件和养分条件，同时由于不同的基岩类型、不同发育阶段的岩体，以及开挖岩体的完整性、发育程度、节理特性和裂隙状况等，通过影响土壤母质、风化程度、土层厚度、稳定性能等对生物护坡性能产生重要影响。在石质边坡生态防护技术方面，我国先后引进或开发了三维网植草技术、喷混植草技术、客土喷播植草技术、改良喷播植草技术、钢筋骨架整体防护技术和植生袋（带）技术。

小磨公路结合公路边坡开挖坡比、高度、边坡地质情况及防护形式，以及西双版纳特有的气候条件，设计中取消了采用不能降解的三维网、土工格室等传统绿化材料的绿化恢复措施，而是就地取材乡土的竹类材料，创新竹蔑栅、草灌法等边坡绿化施工技术（图 5-6），确保小磨公路边坡植被的恢复，以及西双版纳景观的完整性。边坡绿化采用的主要建植技术包括：

图 5-6　小磨公路边坡绿化防护技术

撒播草灌：主要适用于坡度不陡于 1：1.0 低矮的土质挖方边坡、填方边坡。

喷播草灌＋点播：主要适用于不陡于 1：0.75 土质及土夹石、强风化石质挖方边坡及填方边坡。

竹篾栅法（草灌法）：适用于不陡于 1：0.75 土夹石或中风化石质挖方边坡，利用竹篼进行坡面客土栽植。

植生带法：适用于 1∶0.3～1∶0.75 采用拱形格或框格梁结构防护的中风化或弱风化石质挖方边坡，利用植生带进行坡面客土栽植。

薄层基材：适用于陡于 1∶0.5 无工程防护措施的弱风化的石质挖方边坡。

穴植乔灌藤：适用于不陡于 1∶0.5 的挖、填方边坡。直接培土栽种苗圃繁殖的本地植物，或根据边坡土质情况利用部分移栽植物。

针对不同地质、不同坡比类型的边坡，设计采用了不同的绿化组合技术（见图 5-7），图 5-7a）为 1∶0.5 坡比的土质边坡拱形格工程防护，采用混喷+点播，人工种植乔灌绿化恢复技术；图 5-7b）为 1∶0.5 坡比的无工程防护措施的弱风化石质边坡，采用薄层基材绿化恢复技术。

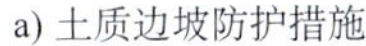

a) 土质边坡防护措施　　b) 弱风化石质边坡防护

图 5-7　不同类型的石质边坡防护技术

图 5-8 为典型的中风化石质坡面，坡比为 1∶0.75，利用框格梁工程防护的多级边坡，采用植生带技术进行绿化恢复。

对坡比为 1∶0.75 的中风化土夹石坡面，采用框格梁工程防护的多级边坡技术和竹蔑栅技术，图 5-9 分别为中风化土夹石坡面的工程防护技术及远期绿化效果。

对坡比为 1∶0.3 的弱风化石质坡面，采用框格梁工程防护的多级边坡防护技术，图 5-10 分别为弱风化石质坡面工程防护技术和坡面远期绿化恢复效果。

对坡比为 1∶0.75 的强风化坡面，采用拱形格工程防护的两级边坡防护技术和混喷+点播绿化技术，人工种植乔、灌木。图 5-11 分别为强风化坡面的边坡防护技术和远期绿化恢复效果。

图 5-8 中风化石质坡面防护技术

图 5-9 中风化土夹石坡面防护技术

图 5-10 弱风化石质坡面防护措施

（3）路基排水、边坡防护工程施工组织管理

路基施工过程中，有条件的路段排水沟首先开工，特别在路堑和路堤的交接处、路堑底将排水引向工程区以外的水体，以减少路基积水和加重土壤侵蚀。

挖方边坡的防护工程，在开挖成型后立即组织施工，使其尽快发挥作用减少开挖坡面

图 5-11　典型强风化石质坡面防护措施

的水土流失。施工期间根据监测的水土流失量变化及主要流失部位，加强填挖形成的土质裸露面的临时防护及覆盖，如及时采取临时覆盖塑料薄膜的防护措施（图 5-12），绿化施工则选择在雨季前完成进行，以减少水土流失。

在填方路基的坡脚和挖方路基的坡顶以外区域，利用原有树木并补植部分高大乔木，在尽量减少对原生态环境的破坏的前提下，充分考虑工程完成后的返璞归真。使得对热带森林生态环境的破坏减少，又便于工程完成后的生态恢复和野生动物的“熟悉”、“认可”、“接受”和“回归”。通过采取上述防护措施，确保路基边坡的稳定，避免造成过多的水土流失。

图 5-12　坡面防护措施

5.3 路基二次清场及腐殖土的储备和利用

小磨公路项目需永久性征用土地 8 632.6 亩，包括水田、旱地、果园、菜地等，共计 3 985.51 亩。按习惯做法，当用地界桩一确定后，施工单位就在“红线”范围内全部清场，热火朝天大干起来，而小磨公路采取的是二次清场方式，第一次采用人工或半机械化作业将地表表层的腐殖土集中清理后统一堆放，第二次再采用机械全面清场，当土石方开挖后，再将清表保存的腐殖土覆盖在弃土场和取土场。

第二次的清场方案经环保专业监理工程师审查批复后进行，其目的在于尽可能地减少清场破坏面，使实际清场面积小于红线征地面积，尽可能地减少对原地貌的扰动和对原生植被的破坏，既节约了工程用地，也有效地保护了公路永久性用地外的生态植被，维护公路建设与自然相对平衡的关系。

为了协调好资源保护与利用的关系，建设者对清场时和路基施工中清除的有机质耕植土，选择临时场地进行妥善保护和储备，绿化时充分用于公路路基边坡植物防护和弃土场表面的培土种植，取到事半功倍的绿化效果（图 5-13）。

图 5-13　场地清场和表土剥离保存

5.4 有效控制横向弃土

在山岭重丘区的公路建设中，由于受地形和施工条件的限制，路基开挖横向弃土的行为比较常见，这致使公路用地以外的原生态环境受到严重破坏。小磨公路在建设过程中，通过加强施工组织，边开挖边清运渣体（图 5-14），或采用土袋作为临时支挡等有效环保措施，避免路基施工的横向弃土，强有力地保护了公路红线外的生态植被。

图 5-14　有效控制横向弃土

5.5　沿河路段水土保持措施

小磨公路所经区域水系发育，所跨河流如菜阳河、南波河、南哈河、南结河、南腊河、南木窝河、罗梭河等澜沧江支流，施工中对于在沿河段路基土石方临时转运场所，采用编织袋灌土堆码的临时措施，以减少水土流失（图 5-15）。

图 5-15　路基施工编织袋灌土堆码临时支挡

图 5-19 隧道洞口水土保持效果

5.8 取（弃）土场水土保持措施及持续利用

小磨公路主体工程路基设计时，已考虑充分利用挖方中的砾石土、碎块石土、适宜的低液限黏土、岩石、块石改小为片石和碎屑后作为路堤填料，并利用相邻合同段的多余挖方，跨合同段进行调运，严格控制弃土场、取土场的设置数量。

施工过程中弃土时严格执行“先挡后弃”的施工原则，在弃土过程中分层堆放并夯实，弃土完毕后及时进行坡面整形和土地整治，采用速生、根系发达、美观的乡土植物进行绿化。通过采取综合治理措施，使施工过程中产生的弃土、石渣得到有效拦挡或利用（图 5-20）。

为避免地表裸露时间过长，整平后的取弃土场及时撒播速生的先锋草种进行植被恢复（图 5-21）。

按照公路建设可持续发展的建设理念，可充分利用弃土场设置沥青拌和站、隧道管理所和观景台，有条件地进行复耕，提高弃土场的利用率，实现弃土场的可持续发展（图 5-22）。

图 5-20 弃土场排水和挡墙措施

取土时严格按照设计的高度、坡比进行开挖，完成坡面截、排水沟设施，取土完成后进行坡面整形和绿化施工，避免乱挖乱取造成坡面坍塌，破坏自然景观（图 5-23）。

图 5-21　弃土场治理恢复前后效果对比

图 5-22　利用弃土场设置沥青拌和站及其复耕恢复

图 5-23　取土场治理恢复前后效果对比

5.9 临时用地水土保持措施

小磨公路在建设过程中严格控制临时用地数量，施工便道、各种料场、预制场，根据工程进度统筹考虑，按照尽可能在公路用地范围内或利用荒坡、废弃地，采用不占用农田、重复利用的原则进行设置。

5.9.1 施工营地、预制场及堆料场水土保持措施

小磨公路施工营地多租用当地的民房，对于需要建盖的施工营地，按照因地制宜、因陋就简的原则进行建设。施工驻地注重绿化及环境卫生管理工作，设置化粪池及垃圾堆放站，加强对生活污水的排放及处置。即保护了营地周围环境，也维护了建设者自身的生活环境（图 5-24）。

环境优美的园林式施工驻地

施工驻地垃圾池

图 5-24 美丽卫生的施工营地

预制场、堆料场等生产场地设置在远离居民区的地方，所有临时场地的选址均得到当地环保部门的现场确认。通过完善场地内排水系统、遮盖堆放建筑材料及合理处置生产垃圾等措施，既避免影响当地居民的生活环境，又减少了水土流失（图 5-25）。

预制场、拌和场、施工驻地在使用完成后，及时拆除、清理，集中处置施工废料和生活垃圾，土地整治后进行绿化或复耕（图 5-26）。复耕后的临时用地为当地民众提供了农田耕地，为当地农村的经济发展提供了良好的土地条件。

5.9.2 施工便道水土保持措施

在选择施工进场道路时，尽可能利用原有乡村道路进行改建，减少新增临时施工用地。新建施工进场道路时，尽量选在比较平缓的地段，不占用农田，并避开植被覆盖率高的地段。

图 5-25　预制场与材料堆放处

施工进场道路产生水土流失的主要原因是泥结石路面的土壤侵蚀，因此应对其采取必要的防护及排水措施。对于较为平缓的进场道路，则在两侧开挖排水沟；对于坡地上的进场道路，除考虑道路排水系统的建设，对不稳定的边坡还需要采取削坡、护坡或修建挡墙等措施，并注重建设期间的道路养护工作。

施工进场道路修建完成后，立即采取恢复植被的水保措施（图5-27），例如根据当地气候条件在沿线开挖的坡面撒播一些当地草籽，在路侧栽种一些当地植物如野芭蕉等，能够有效地防止施工进场道路的水土流失。

小磨公路建设完成后，应当地村民要求将有价值的施工便道保留为当地的乡村通行道路，其余便道则采取复耕或绿化的环保措施（图5-28）。

小磨公路是云南省的重点工程建设项目之一，也是部、省联合组织的勘察设计典型示范工程之一，对水土保持进行了全方位的控制。在创建典型示范工程的过程中，云南、四川两省公路规划勘察设计院充分发挥了创新设计的理念，施工单位坚持文明、规范施工，最大限度地保护生态和减少水土流失，各监理单位尽职尽责，在保证工程质量的前提下，努力体现实施典型示范工程的最佳效果。小磨公路坚持不破坏就是最大的保护，把对周围环境的扰动减少到最低限度，并以最快速度进行恢复和防治，效果十分显著，资源环境联动效应好，起到了示范作用。

水利部在小勐养至磨憨公路水土保护设施验收会上，对小磨公路水土保持工作给予了高度评价。水利部认为小磨公路为开创全国水土保持工作新局面开了好头，发挥了示范作用，是水利和交通行业水保工作最佳效果的完美结合。

图 5-26　复耕后的临时用地

图 5-27　施工便道植被恢复

图 5-28　施工便道恢复前后对比

6 自然景观与人文景观创新设计

公路景观设计是指公路线形及其构造物的造型需与周围环境充分协调，形成优美、自然的画面。公路景观设计使本来生硬、单调的公路线形变得丰富多彩，创造出许多优美的景观来增添旅途兴奋点；使公路周边自然和人文景观资源与环境有机结合，让公路构造物巧妙地融入周边环境中，给高速公路使用者带来舒适的行车环境。然而任何一条公路的修建从选线、勘测设计、土石方开采到桥梁遂道等构造物的施工，整个过程中难免对沿线自然和人文景观产生一定的破坏。

小磨公路的景观设计充分尊重西双版纳地区特有的自然地理特征、民族传统及风俗习惯，以个性化设计突出热带雨林特点，体现傣族、哈尼族和基诺族等多民族文化，形成本地区独特的公路景观环境，打造一条自然生态和谐之路，民族风情体验之路。

小磨公路景观设计分为自然景观和人文景观两部分，人文景观主要是指收费站、隧道洞门、挡墙、上跨桥等构造景观，自然景观主要是指绿化景观。

6.1 自然景观设计

绿化设计以恢复小磨公路建设过程中对生态环境的破坏和提供优美舒适的行车条件为目的，体现以人为本、行车为本的服务理念，运用乔、灌、草、藤相结合的立体绿化理念，采用丛植、群植的方式形成自然生态的效果，体现“保护原生态”和“恢复原生态”的建设理念。

为了重塑公路原有的景观环境，使公路主体与沿线自然环境融为一体，小磨公路建设过程中，提出了“仿原生态”绿化设计新理念，即：将传统的“绿化覆盖”设计目标提升到最大限度的“恢复原路域生态系统”。通过展示物种多样性，充分体现西双版纳的“生态文化”，使绿化恢复后的公路景观不突兀，最大限度地淡化人工建设痕迹，使公路融入周边地形地貌和自然环境之中，让公路与大自然和谐共生，体现公路建设与自然生态环境的和谐、统一。

6.1.1 边坡绿化景观设计

（1）一般边坡绿化设计

小磨公路边坡绿化设计遵循植物生长的客观规律，尊重自然植被的演替规律，树立全寿命周期成本的理念，结合前期效果及后期养护成本，降低综合造价。按照模拟原有植被类型的目标，合理配置乔灌植物物种，构建植物群落结构，使绿化后形成的边坡植被类型能较快地与原有植被融合，营造乔灌草相结合的原始植被层，充分展示西双版纳特有的热带雨林植物文化。

初期主要以草灌覆盖坡面，固结土壤，涵养水源，阻止或减少地表径流，力保坡面稳固和减少水土流失为目标；中期形成乔、灌、藤、草的立体组合物种群落，避免雨水对坡面的冲刷；远期边坡植物通过自然演替实现植物群落的建植，并融入周边原生态系统之中，实现恢复原路域生态系统的绿化目标（图 6-1）。

在植物物种选择方面呈现多样化，植被类型以草灌为先导，乔木、藤本和蕨类植物组合为主，促进特殊地段的植被恢复。物种则以当地乡土植物为主，先锋树种为辅，避免外来物种入侵造成生物多样性的破坏。

边坡绿化设计改变传统的植物种类成分单一的生态恢复系统，通过采用120余种当地植物，充分展示了西双版纳“植物王国”的生态文化。耐旱的蕨类植物、棕叶芦、千斤拔等物种，首次成功的运用在公路边坡绿化上，其效果极为显著（图 6-2）。

（2）石质边坡绿化设计

由于石质边坡开挖时采用光面爆破技术，避免了对岩层结构的破坏，尽可能保持了原峭壁地貌和岩体纹理结构，坡面只需人工稍加处理，便使其裸露部分视觉形态良好并稳定安全。设计时主要采用挖坑栽植草灌和藤本植物相结合的绿化方法，对于岩石坚硬、无法挖坑的坡面，则在坡顶、坡脚或边坡平台栽植藤本和棕叶芦等植物（图 6-3）。

图 6-1 边坡绿化初期、中期、远期效果

对于拥有一定覆盖层厚度的石质边坡，设计恢复为草灌型植被类型（图6-4），植物绿化恢复后，彰显出边坡“天成自然”的原生景观效果。

蜈蚣蕨

棕叶芦

千斤拔

图6-2 成功的运用在公路边坡绿化上的蜈蚣蕨、棕叶芦、千斤拔

图6-3 石质边坡绿化恢复前后对比

图6-4 石质边坡恢复效果图

6.1.2 路侧净区绿化设计

按照以人为本的建设理念，路基排水沟的位置依据现场地形，将其改移到山脚设置，通过用土壤填平加宽、撒播草灌进行绿化。绿化后的路侧净区，不仅提升了公路容错性和行车安全性，还极大地改善了路域景观（图 6-5）。考虑行车安全性不宜种植高大乔木。

图 6-5 路侧净区绿化设计

6.1.3 挡墙绿化设计

挡墙是防止边坡坍塌，承受侧向压力的构筑物，是土木工程解决地形变化和地形高差的重要手段。挡墙作为道路上的垂直要素，对环境景观和人们的视觉心理影响要比其他工程强烈，因此，在运用力学原理，选择其结构形式、构筑材料的同时，还要注意其外部形态的美观性和与环境的协调性，让僵硬的挡土墙能从人们的视线中消失，使挡土墙这一工程结构物，既满足结构功能要求，又经济可行，不显得生硬、呆板，与周围环境协调统一，以达到营造自然和谐公路景观的目的。

小磨公路对边坡采用了护脚、抗滑桩、挡墙等支挡措施，通过在边坡坡面进行草灌绿化、坡脚栽植藤本植物使其下垂进行遮盖（图 6-6），利用结构物的自然形态、质地和色彩，以绿化渐进、连续的手法创造新的公路挡墙景观。

小磨公路挖方边坡的挡墙外观结构，采用了未经切割自然石块进行饰面，辅以藤本植物遮掩，最大限度地淡化了挡墙结构人工构造的体量特征（图 6-7）。

6.1.4 中央分隔带

小磨公路中央分隔带的绿化贯穿全线，是驾驶员看到的主要路面景观，首先要满足防眩的功能。因此，选择生长缓慢、高度在 1.3～1.5 m，耐修剪的常绿树种作为防眩主

图 6-6　边坡的挡墙绿化设计

图 6-7　用卵石处理的挡土墙绿化恢复前后对比

体，两侧配以低矮植物，既可多层次美化环境，又可覆盖土壤，防止中央分隔带的水土流失，又能体现西双版纳的热带风情（图 6-8）。中央分隔带的绿化以互通立交或服务设施为界，在总体风格统一的前提下，每段稍作变化，避免单调、呆板而引起驾乘人员的视觉疲劳。

6.1.5　沿线自然景观设计

景观设计系统将公路线形、实体结构物与沿线环境、景观作为一个有机的整体，对现有的景观资源进行合理的保护、利用与开发，采用多种手法表达公路景观的多样性（图 6-9），使公路主体与原有自然环境相融合，突出小磨公路的雨林文化。

“借”用季节变化，展示多彩的公路景观界面，让人们感受到大自然无与伦比的奇色美景（图 6-10）。

对于视野开阔、穿过田园坝区及竹林的路段，简单的灌草植被覆盖，展示了“温婉秀美、雅致怡人”的田园盛景和“翠竹揽境，婀娜多姿”的独特公路景观界面（图 6-11）。

图 6-8 小磨公路沿线中央隔离带景观绿化

“露”出来的美景

“透”出来的远景

山重路转疑无路，别有洞天显惊奇

路侧橡胶林景观

图 6-9 小磨公路沿线美丽的自然景观

秋季的雨林

西双版纳特有的冬之胶林

图 6-10　小磨公路沿线的奇色美景

图 6-11　小磨公路沿线的田园、竹林风光

6.2　人文景观设计

人文景观设计在公路整体景观的美学方面扮演着重要的角色。评价其设计是否得当的标准是，看其是否融入周边自然和人文环境。因此小磨公路在人文景观设计方面，从结构外形、颜色、体量、质地等自身属性方面进行了全新的创新设计。

小磨公路全线布于西双版纳，是西双版纳州的交通干线和重要旅游线路。另外，西双版纳地理位置特殊，紧邻老挝，有着独特的民族风情。为了使小磨公路的生态环境保护措施很好地与周围环境相协调，其中景观设计的协调性、选择的植物品种与周围自然环境的统一协调性，对公路景观建设的设计均要求很高。

小磨公路在外形设计上遵循抽象、轻盈、简洁、流畅、朴素、立体的设计风格，运用简单直线与曲线的组合，使结构物显得柔和，易与周围自然环境相协调。结构体量则根据构造物功能及所处环境确定其大小、比例，切忌过大。构造物表面材质为了与周围的山川、草木更加协调，设计主张采用仿天然石材、原木的材质。

景观设计的表现形式追求神似而不是形似的画面效果，避免写实，打造深刻的公路文化内涵，留给欣赏者足够的想象空间，去真正领会西双版纳丰富、精彩的地域民俗文化。通过精细管理、精心设计、精细施工，全面提高小磨公路建设的品质和文化品味，突出了“精、美、细”的现代公路建设理念。

6.2.1 隧道洞口景观创新设计

小磨公路隧道洞口景观设计理念是：在确保工程结构和运营安全的前提下，充分利用原有自然资源，淡化人工痕迹，以弘扬地域特色的民族文化为设计主题，探求工程结构、艺术美学、地域文化、地貌环境及造价经济的最佳结合，追求作品的独创性和自然性。精心创作隧道洞门景观，全力打造公路文化内涵，为我国隧道洞口设计探索和实践提供一些新思路。

在隧道洞门的设计中，采用动态化的设计手段，变设计工作为设计创作，变设计产品为设计作品，勇于实践，突破了传统单一的标准化隧道洞门设计，把隧道洞门作为一个载体，体现出公路建设者对当地民族文化的尊重和感悟，使项目的隧道洞门最大限度地淡化人工痕迹，融入自然环境，成为不可复制的独特而亮丽的景观作品。

小磨公路隧道洞门有削竹式、明洞式、端墙式（含偏压端墙式）三种洞门结构类型，如图 6-12 所示。

削竹式洞门结构

明洞式洞门结构

图 6-12 小磨公路隧道洞门结构类型

全线隧道在遵循“零开挖”技术进洞的同时，结合特定洞门所处具体环境特点，科学地对洞门结构和景观进行优化，适当融入当地文化符号（图 6-13），通过简洁明快的装饰处理，用“借景”达到“入景”的目的，不仅节约了工程投资，还取得了较好的景观效益。

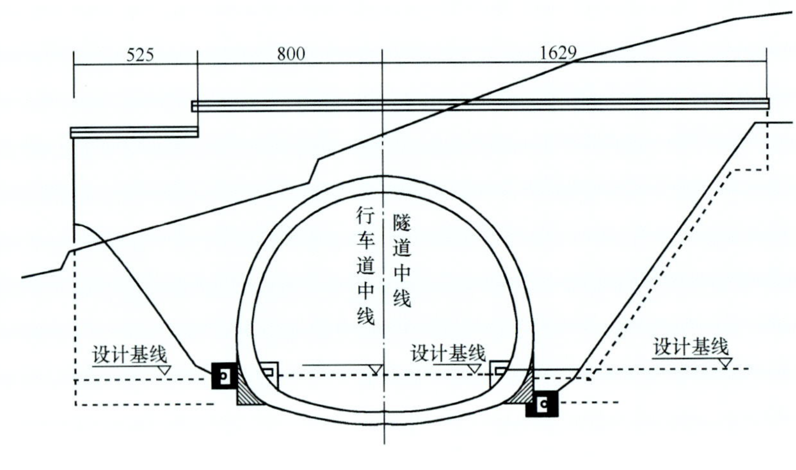

a)

b)

图 6-15 小新寨隧道洞门优化设计前后对比

方案。小磨公路项目对上跨桥结构，遵循桥形“简洁轻盈，视野开阔空透，总体协调美观”的设计原则，设计了结构轻巧、线形刚劲流畅，具有韵律美感的上跨桥景观作品，使上跨桥成为小磨公路上一道靓丽的风景。如在公路沿途林木茂密的山谷或挖方段设置的上跨桥，采用轻盈的拱桥结构，为驾乘人员提供开阔的视觉空间，给人以干练、有力、结构美的享受，如图 6-17 所示。

在较为平坦的坝区填方地段，为方便公路两侧村民、学生通行，需设置横穿公路的上跨

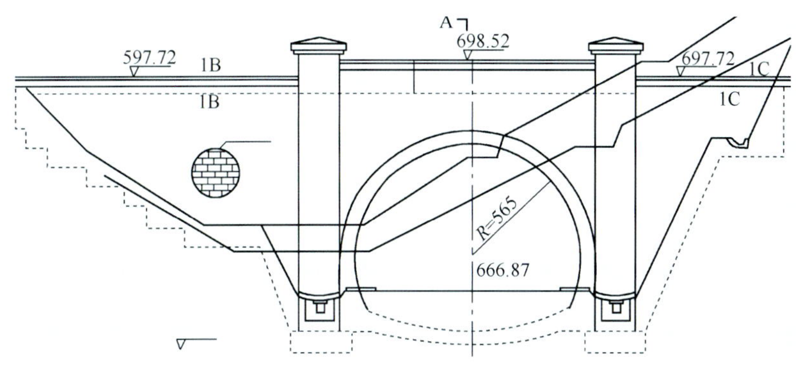

a)

b)

图 6-16　龙茵隧道洞门优化设计前后对比

图 6-17　山谷处的上跨桥

图 6-18 平坦路段的上跨桥

桥，因考虑有非机动车辆通过，上跨桥在满足净高、净宽及降坡要求的前提下，采用舒缓的曲线过渡，涂为红色的钢护栏作为桥梁护栏，在确保上跨桥通行安全的同时，还营造了彩虹飞渡的公路景观视觉效果，如图 6-18 所示。

6.2.3 上挡墙景观设计

在小磨公路的建设实施过程中，对于上边坡较为低矮的挡防结构，景观设计时，充分利用了当地普遍常见的建筑石材——鹅卵石进行自然饰面，通过在边坡上种植藤本植物，对砌体进行遮掩，构筑成古朴、自然的挡墙景观，淡化了人工构造物，并最大限度地降低了工程造价，使实体、功能和外观质量相结合，做到结构安全，外表自然、美观，如图 6-19 所示。

图 6-19 鹅卵石上挡墙设计

对于大体量的上挡墙，景观设计时，考虑其所处地域特征进行定位创作。如在接近城镇路段，以西双版纳地区民饰民俗民风为创作主题，设计采用粗旷的线条、夸张的形态、大块面的表现手法，描绘了一组傣家生活场景，如图 6-20 所示。

在半自然景观的田园路段，挡墙景观设计充分展示当地各民族的宗教及图腾文化，采用抽象的符号、简洁神秘的图形进行装饰。另外，挡土墙的上部通过栽种灌木或攀缘植物进行遮挡处理，使挡墙尽量从人们的视线中消失，达到营造自然和谐的目的，如图 6-21 所示。

图 6-20　民族风格的挡墙设计

展示基诺族太阳崇拜的挡墙

展示哈尼族服饰图案的挡墙

图 6-21　挡墙上部的绿化设计

为避免吸引驾驶人员注意力，影响行车安全，对于高大上挡墙不适于采用有细节或图案的景观方案，设计时只是对外观较差的部分进行遮掩，如图 6-22a）所示。如采用三组朴素的菱形纹理垂直块进行修饰，以此改善桩板墙面的景观效果，如图 6-22b）所示。

6.2.4　路侧景观小品设计

为了突出旅游功能，路侧景观小品是丰富公路景观不可缺少的元素，小磨公路的景观小品设计，不仅捕捉西双版纳当地的民族特色符号，作为创作灵感，展示具有明显地域特征的民族文化，还巧妙地将小磨公路的建设理念融入景观小品，提升公路文化，是不可或缺的点睛之笔。

如在接近勐腊国家级自然保护区，公路附近有亚洲象出没的路段，设计人员在路侧灌

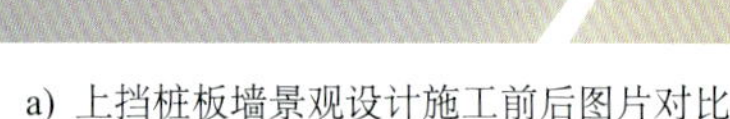

a) 上挡桩板墙景观设计施工前后图片对比　　b) 垂直块细节

图 6-22　适宜的上挡墙设计

木丛中打造了似象非象的“象”景石，如图 6-23 所示，若隐若现的象的背影在带给过往乘驾人员惊喜的同时，使人浮想连篇，充满对幽秘的原始森林的想往。

如在通过路线调整、采用分离式路基，保护了古榕树的勐宽平交，分别于平交的进出口利用中央分隔带设置了“融”“和”组合景石，如图 6-24 所示，巧妙地诠释了建设者“公路与自然融合”的建设理念。

图 6-23　“象”景石

如设置在路侧停车区绿化平台区域的“畅”景石展示了“路畅人和”的建设理念，建设者利用路基开挖过程中保留下来、堆放在路侧宽余区的大块石，在其表面刻写的“璞”字，隐喻着这是一块天然未经雕琢的天然景石，表现了公路建设者对大自然的热爱和心声，如图 6-25 所示。

如设计人员在公路两侧有条件的平台上，摆放了仿整石雕琢的“象脚

图 6-24 “融”和“和”景石

“路畅人和”景石

“璞”景石

图 6-25 “畅”和“璞”景石

鼓”景石以及可爱的仿木爬虫，不仅展示着当地的民族文化，也丰富了沿途公路景观的趣味性，如图 6-26 所示。

6.2.5 观景台等专项景观设计

在小磨公路的建设过程中，建设者们认识到，作为一条具有明显旅游公路性质的公路，仅仅提供安全、快捷的交通通道还远远不够，还应该在满足交通安全的前提下，为旅客提供更多能休息、观景的场地设施。经过认真细致的研究，设置了可为公路使用者提供休息和观景的观景台，如图 6-27 所示。

通过提供游人进行短暂休息的仿木座椅、木桌、收纳杂物等服务设施，以及当地有特色的水井、垃圾箱及休息亭等人文景观设计，体现当地的地域文化及少数民族风情，如图 6-28 所示。

图 6-26 “象脚鼓”和仿木爬虫景石

▲ 利于赏景的两层观景亭 ▼ 罗梭江观景台远景

图 6-27 小磨公路沿线观景台

a) 特色水井

b) 垃圾箱

c) 仿木休闲椅

d) 休息亭

图 6-28 小磨公路沿线的特色水井、垃圾箱、仿木休闲椅及休息亭

6.2.6 收费站景观设计

收费站景观设计引入当地民族建筑的文化特点，提取当地的民族建筑元素，创作了结构简洁明快、线形轻盈流畅的建筑，使整个建筑兼有民族文化性和时代感，喻示当地人民保持传统民族文化和开拓进取、追求现代文明的民族精神。

景洪收费站是车辆进出西双版纳州州府所在地——景洪市的必经收费站，由于景洪在傣语里是黎明之城的意思，所以设计采用了当地特有的橘红色作为屋顶的颜色，寓意着我们即将奔向“黎明之城”。由于该收费站为 11 车道，路面较宽，体量大，故屋顶采用了轻型镂空结构。勐宽主线收费站借鉴当地民居建筑特点，采用基诺族的建筑风格，造型简洁、又不失现代感，如图 6-29 所示。

景洪收费站

勐宽主线收费站

图 6-29 小磨公路沿线收费站景观设计

6.2.7 服务区景观设计

小磨公路地处西双版纳热带雨林及国家动植物保护区的地带，沿线有热带雨林的自然景观、西双版纳少数民族风情。因此服务区的建筑风格应按照当地少数民族、傣族、基诺族等少数民族的建筑风格进行设计，如图 6-30 所示。

小勐养综合服务区布设有加油、停车检修、餐饮、购物、休闲等功能设施及管理人员居住场所，建筑外型设计朴实大方，运用青色屋顶、白墙红柱的色彩与蓝天绿树形成鲜明对比，使整个建筑群显得连续明快且特色不凡，如图 6-31 所示。

景观小品和环境雕塑是丰富场地景观设计不可缺少的元素，虽然项目景观设计的承载主体是小磨公路，但更高层面的承载主体却是“我国西南部通往南亚的陆路大通道”，因此景观小品不仅反映当地的历史文化及人文特色，还展示东南亚共有的地域文化特色。

图 6-30　小磨公路沿线具有少数民族风格的服务区景观设计

小勐养综合服务区全景

小勐养综合服务区加油站

图 6-31　小勐养综合服务区

“同饮一江水”雕塑构思源于奔腾不息的澜沧江——湄公河，它像一条天然纽带，把沿岸的中国、缅甸、老挝、泰国、柬埔寨、越南六国人民通过交叉紧握的六只大手紧密相连，该景石通过意象的形式表达了东亚六国源远流长的人民友谊。“根源”的景观作品通过一个有着南亚人特征的头像，采用竹根雕这种六国人民共同的艺术表现形式，表达出六国人民的共同习性和文化，也吻合了六国人民同饮一江水的根源。“时窗”的景观作品，取材于现珍藏于云南博物馆，在云南出土的西汉时期的青铜孔雀，它是一扇连接历史与未来的时窗，让我们看到西双版纳地区悠久的历史和灿烂文化，如图 6-32 所示。

6.2.8　人性化标志设计

小磨公路的设计者们对沿线的交通标志景观，独具匠心的打造了一系列人性化标志，其中以尚勇国家保护区内，往返于中国老挝的亚洲象作为国际通道的形象代言人，一路随行，巧妙地把地域文化因子融入标识、标牌设计之中，在形象设计上采用一对憨态可鞠、可爱的卡通小象，如图 6-33a）所示。

“同饮一江水”

“根源”

“时窗”

图 6-32　小勐养综合服务区内的景观小品

因小磨公路兼具旅游公路的功能，设计人员采用简洁、抽象的速写手法打造具有地域民族特色的村庄标志，如远山、吊脚竹楼、棕榈树的形象组合勾画出傣家村寨的特点。

云南省周边邻国交通标志设计、设置方法及其标志与我国标志不同，在交通标志设计上充分考虑了邻国旅客的感受，在沿线一些重要的路段设置了具有泰文的交通指示标志，如图 6-33b）所示。

a) 可爱的卡通小象

b) 泰文小磨公路终点预告标志

图 6-33　人性化的标志设计

小磨公路是交通运输部的典型示范工程，为了使其镶嵌于热带雨林中，小磨公路的设计者和建设者们提出的总体设计理念是：以敢于创新和探索的新的设计理念和思路，借鉴国内外成功的经验，灵活应用技术标准和各项指标，突出区域民族特色，打造以人为本的具有人性化、个性化的安全、环保、舒适、和谐、经济的国际运输大通道及旅游观光公路。其示范的主要特点是：在确保安全的前提下，运用“精、美、细、巧”的方法，以山水、田园、村庄、孤木、玩石为音符，集中体现了热带雨林气候的特性；另外，通过沿线景观的精心设计，突出亮点是“树文化”及“傣、基诺民族”文化。在这样一个前提下，最大限度的使小磨公路建设与沿线自然、人文景观的协调与和谐，打造出一条“人性化、个性化”的生态、人文的国际旅游观光大通道。

7 科学创新成果

为使小磨公路建设达到典型示范工程的预期目标，把小磨公路建设成与周围环境、自然保护区和谐协调的生态公路，小磨公路的建设，从原有自然条件着手进行创新性科学研究，遵循“始于自然、归于自然”的恢复设计理念，采用大量乡土野生优良护坡植物，模拟原有植被群落进行生态恢复，不但在景观上与周围的热带雨林环境相协调，同时也能充分体现地方民族文化的特色，为乡土野生植物在公路绿化建设的应用，提供科学示范和依据。

在小磨公路建设期间，开展了《小磨高速公路自然生态环境保护》的研究课题，对小磨公路沿线热带雨林、本地野生植物物种进行了选择性培育和驯化，并运用到小磨公路的绿化建设中，同时运用了生态学原理和技术，借鉴地域植物群落的种类组成、结构特点和演替规律，以植物群落为绿化基本单元，并把绿化植物的物种选择和植被恢复施工技术作为研究重点（图 7-1），为小磨公路具有创新型的绿化设计提供了技术支持，使公路景观科学而艺术地再现了地带性群落特征的路域生态景观。

图 7-1　边坡草种根系的生长情况及植物组织培养和光合测定实验

课题研究人员依据普通生态学的调查方法，对小磨公路的沿线植被进行了踏勘、调研、资料搜集及整理，根据公路沿线植物种类的组成特征，将小磨公路沿线植被划分为六个植被类型，并初步鉴别出大约 700 种本地野生植物。

在对野外调查的原始数据进行分类整理的基础上，分别统计、分析不同植被类型的乔木、灌木和草本植物的优势度和重要值，为小磨公路路域植被恢复的物种选择提供重要的科学依据。

研究人员根据小磨公路沿线不同植被类型的主要组成植物，初拟推荐用于小磨公路路域植被恢复的植物品种。通过对拟选的33种植物进行水分胁迫和耐贫瘠胁迫的试验，以抗旱性和抗贫瘠性为标准，进行水分胁迫叶片含水量、水分胁迫叶片叶绿素含量及贫瘠状态下叶片叶绿素含量试验，结果表明小驳骨、葛藤、银合欢、掌叶鱼黄草、滑桃树、云南玉蕊这6种植物与其他植物相比，其耐旱和耐贫瘠性较强，这些植物被推广应用于小磨公路路域生态植被恢复。

7.1 小磨公路沿线植物调查及选择

7.1.1 小磨公路沿线乡土植物种类及植被类型

云南素有植物王国的美称，而西双版纳的热带雨林，更有“植物王国”及“物种基因库”之美誉，共有植物5000多种。其中，珍稀植物341种，属于国家重点保护的濒危植物58种，还保留着第三纪前某些古老的植物20个属种，药用植物1715种、油脂植物115种、香料植物52种、水果植物110多种、花卉植物4大类近100种，还有野生牧草和其他热带植物3000多种，花卉种类为全国之最，保存较为完好的原始热带雨林70万亩，这些均给小磨公路的生态恢复提供了良好的条件和基础。

根据植物种类组成特征进行划分，将小磨公路沿线植被划分为以下几个植被类型：热带季节性雨林植被类型、山地雨林植被类型、季风常绿阔叶林植被类型、石灰山季雨林植被类型、人工植被类型、次生植被类型等。

7.1.2 不同植被类型物种组成及其重要值

根据植被类型，对调查结果进行重要值分析，即分析不同群落的物种组成及其重要值，为后期公路边坡恢复、物种选择提供参考依据。

（1）热带季节性雨林植被类型的群落物种组成及重要值

选择勐仑曼么进行调查，样地面积20 m × 20 m，共取两个标准地。根据调查结果，发现群落乔木层的物种以樟科、木兰科、壳斗科和茶科的成分占优势，而乔木下层以及灌木层和草本层中，又出现了较为丰富的热带成分，这些物种大多属于茜草科、桑科、大戟科、番荔枝科和肉豆蔻科等。

应用普通生态学的调查方法和计算方法，各乔木层、灌木层、草本层的主要植物种类和重要值如表 7-1 所示。

从表 7-1 中可以看出，取重要值 >3 以上的植物种类列表，热带季节性植被类型中，乔木类植物中聚果榕的重要值最大，其次分别为番龙眼、轮叶戟、龙果、高榕等。

热带季节性雨林乔木主要植物种类及重要值 表 7-1

序号	种名	拉丁名	重要值
1	聚果榕	*Ficus racemosa*	22.96
2	番龙眼	*Pometia tomentosa*	20.81
3	轮叶戟	*Lasiococca comberi* var.*pseudoverticellata*	17.25
4	龙果	*Pouteria grandifolia*	12.48
5	高榕	*Ficus altissimma*	10.12
6	金刀木	*Barringtonia macrosthachya*	9.23
7	糙叶树	*Aphananthe cuspidate*	7.89
8	细毛润楠	*Machilus tenuipilis*	7.56
9	倒卵叶黄肉楠	*Actinodaphne obovata*	6.87
10	油朴	*Celtis wightii*	6.54
11	核实木	*Drypetes cumingii*	6.55
12	假海桐	*Pittosporopsis kerrii*	6.29
13	窄叶翅子树	*Pterospermum lanceaefolium*	5.98
14	云南厚壳桂	*Cryptocarya yunnanensis*	3.27

从表 7-2 中可以看出，香港茜木的重要值最大，为 19.67，其次为尖果狗牙花、赪桐、裂果金花、垂茉莉等。

热带雨林灌木主要植物种类及重要值 表 7-2

序号	种名	拉丁名	重要值
1	香港茜木	Pavetta hongkongensis	19.67
2	尖果狗牙花	*Ervatamia mucronata*	19.36
3	赪桐	*Clerodendrum japonicum*	18.55
4	裂果金花	*Schizomussaenda dehiscens*	17.98
5	垂茉莉	*Clerodendrum wallichii*	16.78
6	老人皮	*Polyalthia suberosa*	15.32
7	山木患	*Harpullia cupanioides*	10.89
8	鹅掌柴	*Schefflera octophylla*	9.65
9	藤黄	*Garcinia kwangsiensis*	5.34
10	火筒树	*Leea indica*	4.78
11	柳叶紫金牛	*Herba Ardisiae*	3.67

从表 7-3 可以看出，取重要值 >3 的藤本植物，其重要值最大的为大果油麻藤，其次为扁担藤、榼藤子、间序油麻藤等。草本以含羞草的重要值最大，为 21.57，其次为穗序木兰、狗牙根、链荚豆、刚莠竹、海竽等。

热带季风雨林植被类型藤本植物种类及重要值　　表 7-3

序　号	种　名	拉　丁　名	重　要　值
1	大果油麻藤	*Mucuna macrocarpa*	16.76
2	扁担藤	*Tetrastigma planicaule*	16.23
3	榼藤子	*Semen Entadae Entada phaseoloides*	14.25
4	间序油麻藤		10.79
5	狸爪豆	*spartium linn*	8.97
6	葛藤	*Pueraria spp.*	6.54
7	蛇藤	*Celastrus orbiculatus*	5.23
8	崖豆藤	*Millettia bonatiana*	4.18
9	猪腰豆	*Whitfordiodendron filipes*	3.53

（2）山地雨林植被类型的群落物种组成及重要值

选择西双版纳勐腊片区保护区进行调查，样地面积 20 m × 20 m，共取两个标准地。经调查发现，小磨公路沿线山地雨林植被类型中主要乔木、灌木、藤本、草本植物种类及其重要值如表 7-4。

山地雨林植被类型乔木主要植物种类及重要值　　表 7-4

序　号	种　名	拉　丁　名	重　要　值
1	大叶白颜树		18.55
2	箭毒木	*Antiaris toxicaria*	17.69
3	金毛狗	*Cibotium barometz*	17.12
4	泰国黄叶树	*Xanthophyllum siamense*	15.24
5	龙果	*Pouteria grandifolia*	13.28
6	灯台树	*Bothrocaryum controversum*	12.98
7	南酸枣	*Choerospondias axillaria*	10.57
8	钝叶榕	*Ficus curfipes*	9.99
9	木瓜榕	*Cleistanthus tonkinensis*	8.76
10	中平树	*Macaranga denticulata*	7.48
11	粘木	*Ixonanthes Chinensis*	3.02

对山地雨林植被中乔木种的重要值 >3 的物种列表，从表 7-4 可以看出，山地雨林植被类型中大叶白颜树的重要值最大，为 18.55，其次为箭毒木、金毛狗、泰国黄叶树、龙果、灯台树等。

此外，灌木、藤本和草本植物和热带雨林植物相似，不再做进一步的列举。

（3）季风常绿阔叶林植被类型的群落物种组成及重要值

选择小磨公路沿线勐腊自然保护区片区进行调查，样方面积为 20 m × 20 m，选两个样方共 800 m^2 对乔、灌、藤、草进行调查，调查结果见表 7-5、表 7-6。

从表 7-5 中可以看出，取重要值 >3 的乔木树种列表。这类型植被的乔木中，短刺栲的重要值最大，为 30.12，其次红木荷、湄公栲、毛木荷、红梗润楠、大叶木兰等。

季风常绿阔叶林植被类型乔木主要植物种类及重要值　　表 7-5

序　　号	种　　名	拉　丁　名	重　要　值
1	短刺栲	*Castanopsis echinocarpa*	30.12
2	红木荷	*Schima wallichii*	28.33
3	湄公栲	*Castanopsis mekongensis*	17.23
4	毛木荷		14.51
5	红梗润楠	*Machilus rufipes*	12.67
6	大叶木兰	*Magnolia henryi*	10.99
7	小果栲	*C. fleuryi*	10.02
8	红楣		8.75
9	岗柃	*Eurya groffii*	7.46
10	钝叶榕		3.18

从表 7-6 可以看出，季风常绿阔叶林植被类型灌木重要值 >3 的植物中，多花野牡丹的重要值最大，为 10.8，其次醉鱼草、千斤拔、马鹿草、叶下珠等。藤本植物主要有大果油麻藤、榼藤子、葛藤、黄檀藤等，地被植物有：穗序木兰、地毯草、狗牙根、百喜草、齿叶黄杞、变叶山龙眼、毛叶银柴等。

季风常绿阔叶林植被类型灌木主要植物种类及重要值　　表 7-6

序　　号	种　　名	拉　丁　名	重　要　值
1	多花野牡丹	*Melastoma affine*	10.8
2	醉鱼草	*Buddleja lindleyana*	10.58
3	千斤拔	*Flemingia philippinensis*	9.56
4	马鹿花	*Butea suberecta*	8.9
5	叶下珠	*Phyllanthus urinaria*	8.24
6	狗牙花	*Ervatamia puberula*	7.35
7	臭茉莉	*Clerodendrum philippinum*	6.78
8	假虎刺	*Carissa spinarum*	6.24
9	胡枝子	*Lespedeza bicolor*	5.37
10	金合欢	*Acacia yunnanensis*	3.25

（4）石灰山季雨林植被类型的群落物种组成及重要值

选择小磨公路勐远段石灰山季雨林植被类型进行调查，样方大小为20 m×20 m，取两个标准地，对乔、灌、藤本、地被进行调查，调查结果如表7-7。

选择重要值>3的乔木植物进行列举，从表7-7可以看出，尖叶闭花木的重要值最大，其次有轮叶戟、油朴、四数木、风咀桐等。其灌木植物主要有千斤拔、猪屎豆、旱禾树、马鹿花等；藤本有乌蔹莓、扁担藤等；地被植物主要有狗牙根、大野芋等。

石灰山季雨林植被类型乔木主要植物种类及重要值　　表7-7

序　号	种　名	拉　丁　名	重　要　值
1	尖叶闭花木	*Cleistanthus sumatranus*	18.96
2	轮叶戟	*Lasiococca comberi* var. *pseudoverticellata*	17.65
3	油朴	*Celtis wightii*	14.32
4	四数木	*Tetrameles nudiflora*	12.18
5	风咀桐		10.9
6	火烧花	*Mayodendron igneum*	9.21
7	麻楝	*Chukrasia tabularis*	8.34
8	云南柿	*Diospyros yunnanensis*	7.61
9	竹叶椒	*Z. planispinum*	6.88
10	羽叶槭	*Acernegundo*	

（5）人工植被、次生林植被类型的群落物种组成及重要值

因小磨公路沿线人工植被较多，多以橡胶林、薪碳林、果园等出现。而次生林也因砍伐方式不同，形成了不同的植被类型，公路沿线边坡生态恢复时可根据实际情况做出选择。

7.1.3　推荐植物种类

根据植被类型调查结果，经专家认证分析，针对小磨公路沿线不同植被类型边坡，可推荐并可作为拟选植物品种如下：

（1）热带季节性雨林植被类型的群落物种组成

乔木：绒毛番龙眼、千果榄仁、云南玉蕊、毗黎勒、山红树、云树、大叶藤黄、大花哥纳香、多花白头树、橄榄、琴叶风吹楠、滇南风吹楠、云南肉豆蔻、木奶果、八宝树、团花、木瓜榕、厚叶琼楠、南酸枣。

灌木：尖果狗牙花、香港茜木、赪桐、裂果金花、垂茉莉。

藤本：大果油麻藤、扁担藤、榼藤子、间序油麻藤、狸爪豆、葛藤。

地被：含羞草、链荚豆、狗牙根、刚莠竹、穗序木兰、地毯草。

（2）山地雨林植被类型的群落物种组成

乔木：金毛狗、大叶白颜树、箭毒木、泰国黄叶树、龙果、灯台树、盆架树、山白

兰、中平树、大叶山楝、山黄麻、南酸枣、木瓜榕、钝叶榕。

灌木：香港茜木、狗牙花、刺通草、千斤拔、多花野牡丹、弯管花、长叶紫珠。

藤本：葛藤、狸爪豆、大果油麻藤、掌叶鱼黄藤、间序油麻藤。

地被：狗牙根、白蝴蝶、链荚豆、穗序木兰。

（3）季风常绿阔叶林植被类型的群落物种组成

乔木：大叶木兰、小果栲、刺栲、湄公栲、杯斗栲、截头石栎、短刺栲、木荷、红楣、岗柃、红梗润楠、重阳木、木奶果、金毛榕、石栗、假鹊肾树、火烧花、钝叶榕。

灌木：多花野牡丹、马鹿花、狗牙花、臭茉莉、裂果金花、玉叶金花、使君子、刺通草。

藤本：大果油麻藤、榼藤子、葛藤。

地被：穗序木兰、地毯草、狗牙根、百喜草。

（4）石灰山季雨林植被类型的群落物种组成

乔木：闭花木、风咀桐、油朴、四数木、麻楝、角果木棉、火烧花、家麻树、滑桃树、钝叶榕。

灌木：千斤拔、猪屎豆、旱禾树、马鹿花、木薯、小驳骨、臭茉莉。

藤本：乌蔹莓、扁担藤、榼藤子。

地被：狗牙根、大野芋、野芭蕉。

（5）人工植被、次生植被类型的群落物种组成

乔木：中平树、山麻杆、越北巴豆、尾叶白桐、大穗野桐、白背桐、山黄麻、团花、木奶果、常绿刺桐、催吐萝芙木、八宝树、火烧花、喜树、多花白头树、滑桃树、粉花羊蹄甲、钝叶榕。

灌木：膏桐、木薯、银合欢、千斤拔、三叶豆、臭茉莉、灰毛豆、猪屎豆、马鹿花。

藤草：葛藤、狸爪豆、掌叶鱼黄藤。

地被：决明、南美蟛蜞菊、狗牙根、藤竹、大野芋、野芭蕉。

运用普通生态学的调查研究方法，结果发现小磨公路沿线热带季节性雨林植被类型乔木聚果榕的重要值最大，占主要优势，而灌木层以香港茜木占优势，藤本以大果油麻藤为主。山地雨林植被类型中大叶白颜树占主导优势，灌草层与热带季节性雨林植被类型相似。季风常绿阔叶林植被类型中乔木以短刺栲占优势，灌木以多花野牡丹占主要优势。石灰山季雨林植被类型乔木以尖叶闭花木占优势。根据小磨公路沿线不同植被类型的主要物种组成，提出了可应用于小磨公路生态恢复的植物种类。

7.2　乡土植物的选择

由于小磨公路沿线自然植被茂密，植物种类丰富，考虑到后期的生态恢复和绿化，对

乡土野生植物的选择、培育、驯化进行了专门的研究，为小磨公路的“原生态恢复”打下了坚实的基础。

研究从公路边坡植物生长的主要限制因子着手，以抗旱性和抗贫瘠性为标准，专家对小磨公路各植被类型中的乡土物种进一步做了筛选，筛选出适合公路边坡生态恢复的优良乡土护坡植物，包括乔木、灌木、藤本和草本植物。

7.2.1 选择出的供试物种

针对拟选出的植物，根据树种选择原则，初步确定了小磨公路边坡生态恢复可以种子繁殖的供试用乡土植物，主要有：云南玉蕊、槟榔青、猪油果、粉花山扁豆、滑桃树、重阳木、油朴、小果栲、毗黎勒、羊蹄甲、石栗、火烧花、菩提树、团花、常绿刺桐、千斤拔、木瓜榕、盆架树、钝叶榕、糖胶树、圆叶舞草、银合欢、小驳骨、花叶木薯、胄桐、南洋森、葛藤、掌叶鱼黄草、狸爪豆、乌蔹莓、间序油麻藤、白蝴蝶、穗序木兰共 33 种植物。

7.2.2 抗旱性

对选出的 33 种供试植物，选用盆栽法进行耐旱性试验，每个处理重复 3 次。

测定指标包括最大持水量、暂时萎蔫、永久萎蔫三个时期的土壤含水率、叶片相对含水率、气孔导度。

盆栽苗木为栽植 5 个月的已成活苗木，抗旱试验前需对苗木浇透水，分别记录正常状态、暂时萎蔫、永久萎蔫状态下的叶片相对含水率。

（1）水分胁迫对植物叶片相对含水率的影响

叶片相对含水率是反映植物抗旱性强弱的重要指标，本试验分别测定植物在正常状态、暂时萎蔫、永久萎蔫状态下叶片相对含水率，通过植物达到暂时萎蔫、永久萎蔫时叶片相对含水率的变化幅度来评价植物的抗旱性。

一般，土壤水分胁迫增加，叶片相对含水率明显降低，且叶片相对含水率变化越小，表明叶片本身保持水分的能力越强，耐旱性越强，如图 7-2 为 33 种植物正常状态与永久萎蔫状态下叶片相对含水率的变化值。

从图 7-2 可以看出，羊蹄甲在正常状态和永久萎蔫时叶片相对含水率的变化最大，72.29%，说明其耐旱性较差，其次为掌叶鱼黄草、乌蔹莓、狸爪豆、穗序木兰、白蝴蝶等。而石栗的变化最小，仅 30.29%，说明其耐旱性较好。其次耐旱性较好的为猪油果、滑桃树、小驳骨、火烧花、银合欢、云南玉蕊、重阳木、圆叶舞草、油朴、小果栲等。

从图 7-3 中 33 种植物在正常、暂时萎蔫、永久萎蔫状态下的叶片相对含水率图可以看出，在正常状态下，羊蹄甲的叶片含水率最高，而在永久萎蔫状态下的叶片含水率最低，而石栗在永久萎蔫状态下的叶片含水率最高。

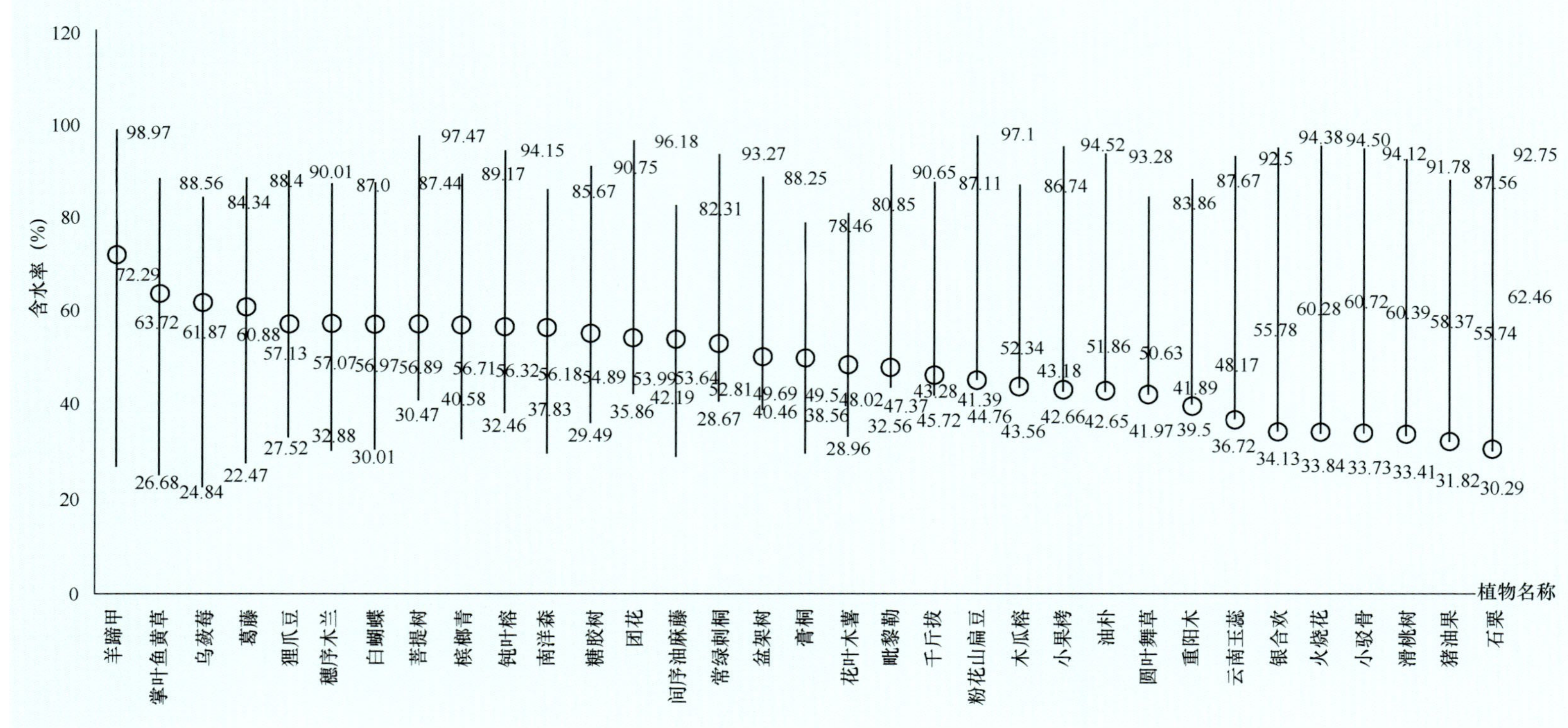

图 7-2　各植物正常与永久萎蔫状态时叶片含水率的变化图

注：最高点为正常状态下的叶片含水率（%），最低点为永久萎蔫状态下的叶片含水率（%），中间〇为正常状态与永久萎蔫状态下的变化率（%）

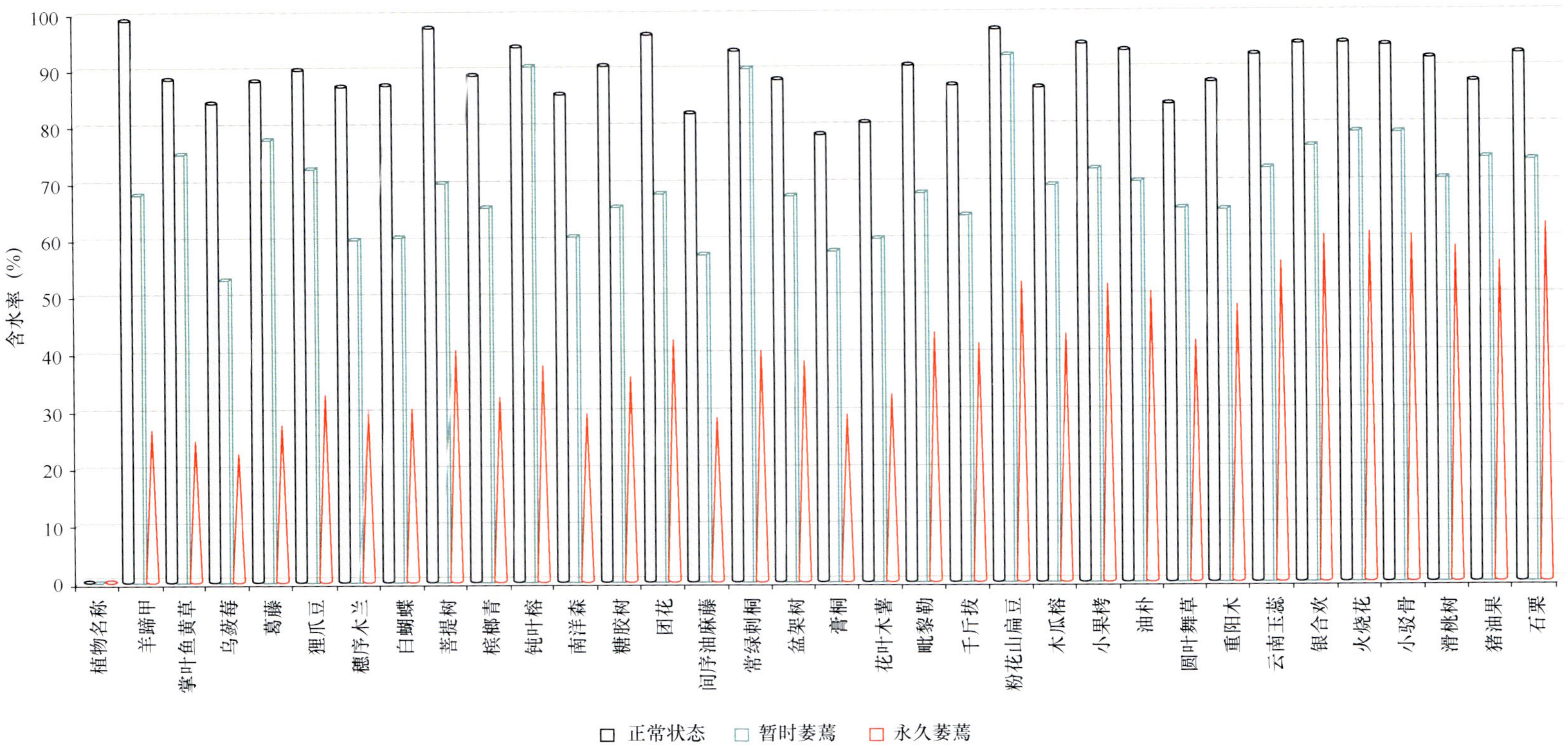

□ 正常状态　□ 暂时萎蔫　□ 永久萎蔫

图 7-3　各植物正常、暂时萎蔫、永久萎蔫状态时叶片含水率

（2）水分胁迫对叶片叶绿素含量的影响

植物的叶绿素在植物光合作用中起到吸收光能、传递光能的作用，因此叶绿素含量与植物的光合速率密切相关，同时叶绿素含量也是植物生长状态的一个反映，一些环境因素如干旱、盐渍、低温、大气污染、元素缺乏都可以影响叶绿素的含量与组成，并因之影响植物的光合速率。通过对供试的 33 种植物在正常、暂时萎蔫、永久萎蔫状态下的叶片叶绿素含量的测定，其测定结果如图 7-4 所示。

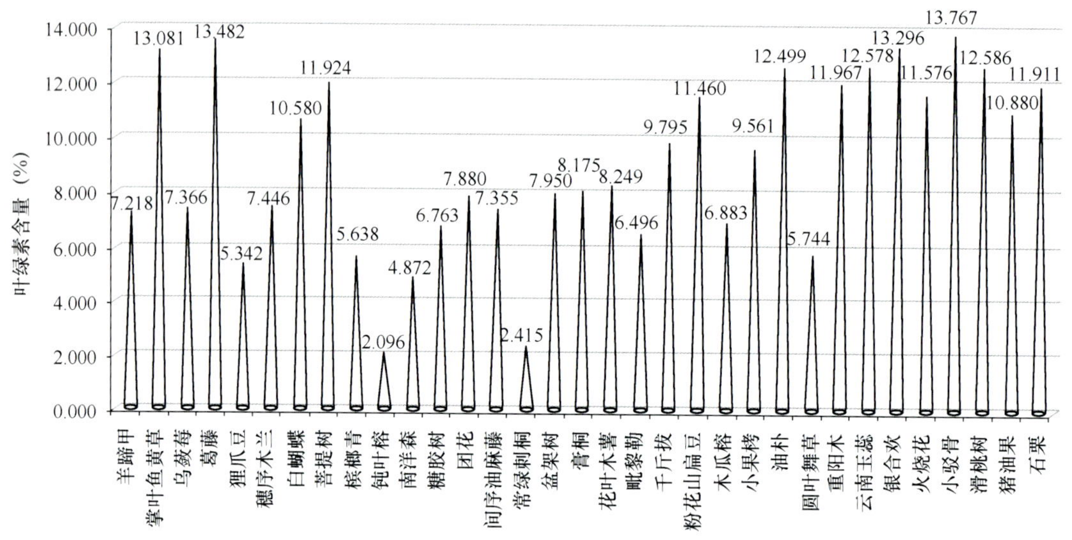

图 7-4　各植物在永久萎蔫状态时的叶片总叶绿素含量

从图 7-4 中可以看出，总叶绿素含量最大的植物为小驳骨，叶绿素含量为 13.767。其次为葛藤、银合欢、掌叶鱼黄草、滑桃树、云南玉蕊、油朴、重阳木、菩提树、石栗、火烧花、粉花山扁豆、猪油果、白蝴蝶、千斤拔等，其叶绿素含量依次为：13.482、13.296、13.081、12.586、12.578、12.499、11.967、11.924、11.911、11.576、11.460、10.880、10.580、9.795。而总叶绿素含量最小的植物为钝叶榕，为 2.096。其次为常绿刺桐、南洋森、狸爪豆、槟榔青、圆叶舞草等，叶绿素含量依次为：2.415、4.872、5.342、5.638、5.744 等。

通过对小磨公路沿线 33 种植物在萎蔫状态的叶片总叶绿素含量进行测定，与前面萎蔫状态时的叶片含水率的研究结果相比，与 33 种植物的抗旱性结果基本一致，但有一定的差异，主要原因是各个指标只是抗旱性的一种表现形式，而不能完全说明植物的抗旱性强弱。

7.2.3　耐贫瘠

用盆栽法进行试验，盆内土壤模拟公路边坡土壤，其中 2/3 为废弃建筑垃圾，1/3 为苗圃地土壤，每个处理重复 3 次。在苗期水分保持正常，且浇灌量相同。

一般植物的耐贫瘠性均定性表示，目前没有科学的定量指标。研究中运用植物的生理指标进行定量评价，主要观测指标有：叶片叶绿素含量（总量）。

根据植物耐贫瘠的特点，选择生理指标叶绿素含量来反映其耐贫瘠性。研究中的叶绿素含量为植物在贫瘠状态下、正常水分状态下的叶片总叶绿素含量如图 7-5 所示。

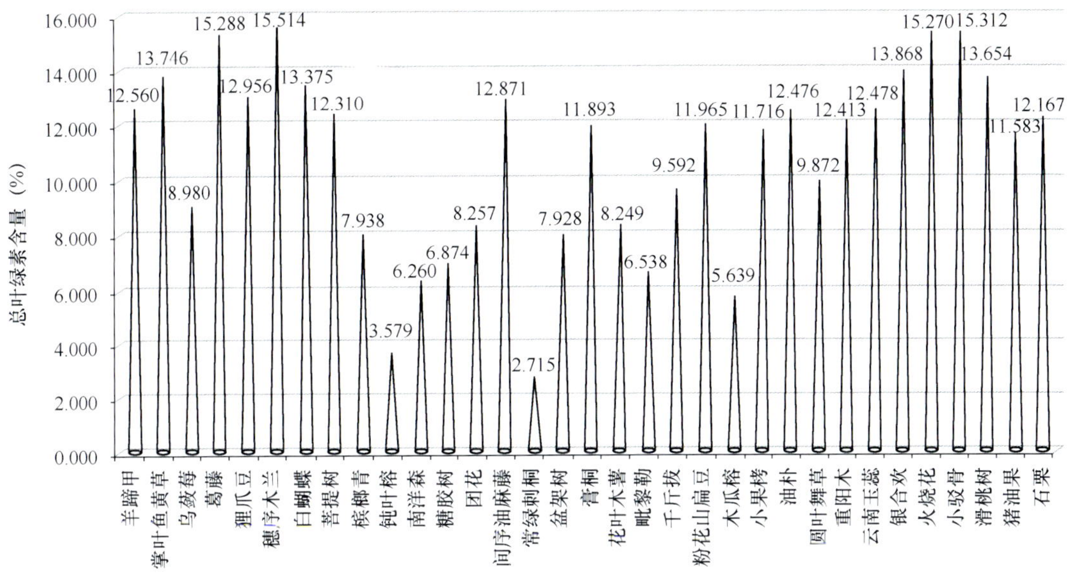

图 7-5　各植物在贫瘠状态时的叶片总叶绿素含量

从图 7-5 可以看出，在贫瘠状态下，穗序木兰的叶片叶绿素总含量最高，为 15.514，其次为小驳骨、葛藤、火烧花、银合欢、掌叶鱼黄草、滑桃树、白蝴蝶、狸爪豆、间序油麻藤、羊蹄甲、云南玉蕊等，其贫瘠状态下的叶片叶绿素总含量依次为：15.312、15.288、15.279、13.868、13.746、13.654、13.375、12.956、12.871、12.560、12.478；而常绿刺桐的叶片叶绿素总含量最小，仅有 2.715，比水分胁迫下永久萎蔫状态下的叶绿素含量稍高，其次为钝叶榕、木瓜榕、南洋森、毗黎勒、糖胶树等，其贫瘠状态下的叶片叶绿素含量依次为：3.579、5.639、6.260、6.538、6.874 等。

与水分胁迫下的叶片叶绿素含量相比，结果发现，不论是在水分胁迫还是在贫瘠状态下，小驳骨、葛藤、银合欢、掌叶鱼黄草、滑桃树、云南玉蕊等的叶片叶绿素含量均较大，说明这 6 种植物与其他植物相比，其耐旱和耐贫瘠性较强。

7.3　乡土植物培育驯化研究

由于小磨公路在施工前期就考虑到生态环保问题，对处于建设区的植物进行了大规模的移植，待公路建成后，再使这些移植的植物归于原来的环境，从而保护小磨公路的生态环境。考虑到这些因素，试验苗圃所选植物品种也是原有公路建设区出现的植物品种，采用了种子繁殖和扦插繁殖两种方式，并在试验苗圃做了一些移植植物品种的试验，观测其环境和土壤的变化对其成活和生长的影响。

7.3.1 种子繁殖试验

（1）供试植物材料

粉花山扁豆、猪油果、小果榜、粉花羊蹄甲、团花、油朴、滑桃树、毗黎勒、槟榔青、云南玉蕊、重阳木、石栗、千斤拔、银合欢、江芒决明、圆叶舞草，共16种植物的种子。

（2）种子发芽试验

记录不同培养条件下各种植物种子发芽时间及发芽数，对各数值取平均值，试验结果如表7-8所示。

种子繁殖发芽试验表　　表7-8

植物品种	苗圃地			培养箱	
	发芽时间（d）	发芽数（粒）	60天生长高度（cm）	发芽时间（d）	发芽数（粒）
槟榔青	10	40	30.2	8	39
云南玉蕊	90	42	6.5	68	44
猪油果	12	47	10.1	12	48
粉花山扁豆	8	33	25.6	7	34
滑桃树	26	47	35.8	20	47
重阳木	18	37	37.4	15	38
油朴	18	37	6.3	15	39
小果榜	7	23	4.5	7	25
毗黎勒	27	44	28.5	25	47
粉花羊蹄甲	5	49	32.6	5	50
石栗	27	44	26.3	25	48
火烧花	16	36	20.2	14	38
圆叶舞草	7	42	42.5	6	46
江芒决明	8	43	45.8	5	47
千斤拔	9	43	39.4	8	48
银合欢	10	46	41.9	8	48

①种子繁殖的发芽时间

从图7-6可以看出，培养箱和苗圃地的16种植物的发芽时间略有差异，且培养箱中的

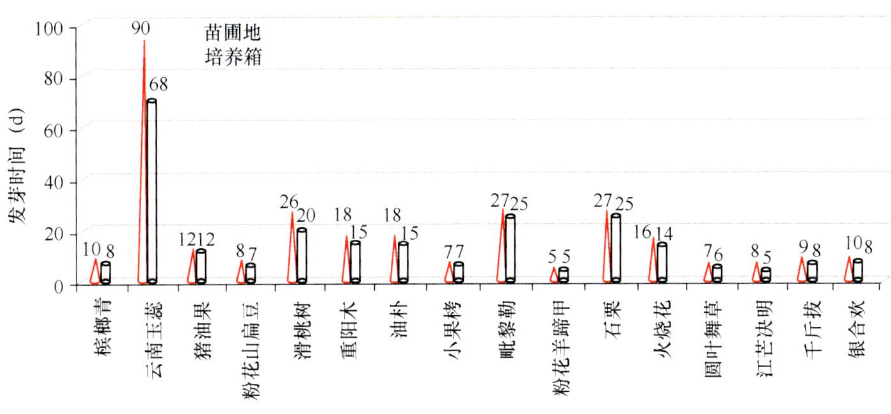

图 7-6　培养箱、苗圃地植物种子发芽试验

发芽时间略高于苗圃地，其中差异最大的为云南玉蕊，在培养箱，发芽时间为 68d，而在苗圃地为 90d。经方差分析，16 种植物在培养箱和苗圃地的种子发芽天数均无显著差异。此外，云南玉蕊的发芽时间最长；其次为石栗和毗黎勒、滑桃树、油朴、重阳木、火烧花、猪油果等，发芽时间为 12～27d；而江芒决明、小果榜、粉花山扁豆、圆叶舞草等的发芽时间最短，只有 5～8d。

因此，在公路边坡生态恢复时，可根据不同植物种子发芽时间，采取提前或推迟进行播种，以达到同时出苗的目的，保证各种植物正常生长、竞争。

②发芽率

从图 7-7 可以看出，16 种植物的苗圃地发芽率和培养箱发芽率基本一致，经方差分析，16 种植物的苗圃地发芽率和培养箱发芽率无明显差异。其中小果榜的发芽率最低，培养箱发芽率只有 50%，粉花羊蹄甲的发芽率最高，培养箱发芽率有 100%。此外，滑桃树、猪油果、银合欢、石栗、毗黎勒、千斤拔、江芒决明、圆叶舞草的苗圃地发芽率和培养箱发芽率均较高。发芽率较低的植物有粉花山扁豆、火烧花、重阳木、油朴。

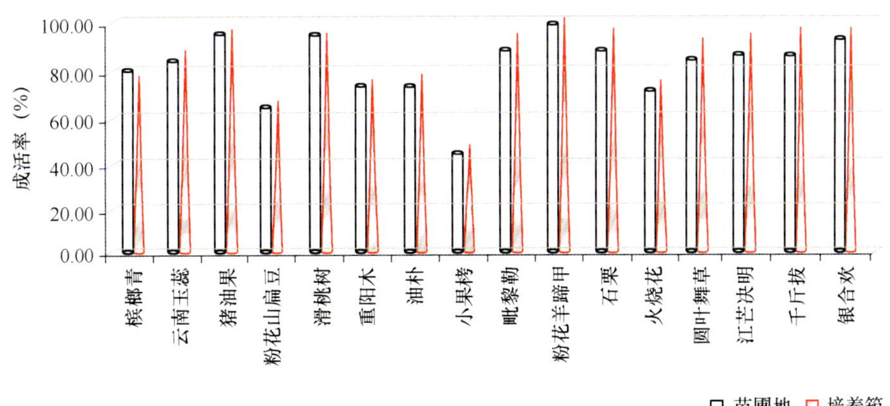

图 7-7　种子发芽率统计图

因此，在小磨公路边坡生态恢复中，可根据不同植物种子发芽率大小，计算各种植物的实际播种量，以达到景观设计要求。

③60 d 苗木生长高度

从图 7-8 可以看出，各植物 60d 的苗木生长高度差异较大，其中小果栲苗高最小，只有 4.5 cm，其次为油朴、云南玉蕊，猪油果，苗木高度分别为 6.3、6.5、10.1 cm。而江芒决明 60 d 内的生长速度最快，60 d 时的苗高为 45.8 cm，其次为圆叶舞草、银合欢、千斤拔、重阳木、滑桃树、粉花羊蹄甲、毗黎勒、石栗、粉花山扁豆等。可见，在小磨公路边坡生态恢复中，为了使这些植物出苗整齐，需要对生长速度慢的苗木进行提前种植，以保证生长速度慢的苗木不被生长速度快的苗木遮荫或因水分、养分等的争夺而不能正常生长。

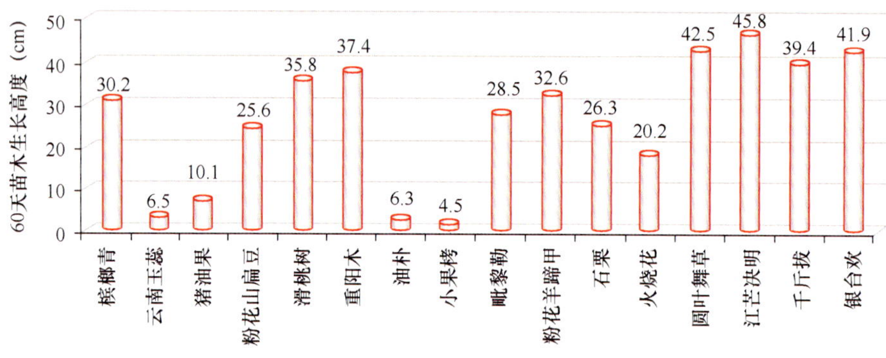

图 7-8　60d 苗木生长高度统计图

④ 种子繁育植物培育驯化的效果图片

通过选取部分植物的种子进行种子繁育，培育驯化，取得了很好的效果，如图 7-9 所示。

猪油果

滑桃树

毗黎勒

图　7-9

小果楞

槟榔青

云南玉蕊

图 7-9　种子繁育植物培育驯化效果

7.3.2　扦插繁殖试验

（1）供试材料

选取表 7-9 中 15 种供试植物进行扦插繁殖实验：槟榔青、常绿刺桐、钝叶榕、多花白头树、盆架树、火烧花、糖胶树、木瓜榕、南洋森、小驳骨、旱禾树、木薯、葛藤、膏桐、乌蔹莓。扦插材料均选取两年生嫩枝，长 8 ~ 10cm，一端为平切口，一端为斜切口，全部摘叶。

经观察试验，扦插繁育的生根时间及成活率如表 7-9 所示：

扦插植物的生根时间和成活率　　表 7-9

植物品种	生根时间（d）	成活率（%）
火烧花	45	38
木瓜榕	30	49.6
盆架树	45	26.2
槟榔青	30	80.8
常绿刺桐	28	59.7
钝叶榕	29	68.4
糖胶树	45	12.4
多花白头树	44	50.2
旱禾树	16	82
小驳骨	25	83.7
木薯	10	97
膏桐	12	90.9
南洋森	15	88.2
葛藤	40	20
乌蔹莓	30	48

（2）扦插繁殖试验

① 扦插繁殖的生长时间

从表 7-9 可以看出，木薯的生根时间最短，只有 10d，其次为膏桐、南洋森，生根时间 12 ~ 15d；而火烧花、盆架树、糖胶树、多花白头树的生根时间较长，约 45d 左右。可见，灌木种的生根时间早于乔木种，和种籽繁育相比，乔木种普遍生根时间比较长。

因此，在小磨公路边坡生态恢复过程中，若运用扦插苗进行植被恢复，应该根据试验结果中不同植物生根的具体时间，确定不同植物种植的时间，保证各种植物正常生长。象木薯、膏桐、南洋森可种植晚些，而火烧花、盆架树、糖胶树、多花白头树等植物宜种植早些。

同种子繁殖相比，在容易采集种籽的条件下，应当优先采用种籽繁育如火烧花、刺桐等，对一些绿化恢复比较好的树种如盆架树、木瓜榕及灌木种，采用扦插繁育比较好，也比较经济。

② 扦插繁殖的成活率

从表 7-9 可以看出，扦插繁殖中木薯的成活率最高，为 97%，其次为膏桐、南洋森，成活率分别为 90.9%、88.2%。成活率最低的植物为葛藤，只有 20%，主要原因是葛藤的扦插材料选择不当的问题，后期专门针对葛藤进行了试验，成活率可达到 78%。

可见，灌木种的成活率远高于乔木种和藤本植物。乔木种中成活率比较高的是槟榔青、刺桐、钝叶榕，对于成活率比较低的扦插植物品种，应当在扦插时增加处理方式及时间，在扦插枝条选择时注意要选择母枝超过两年的树种，从而提高扦插植物的成活率。

③ 扦插繁育植物培育驯化的效果图片

通过选取部分植物进行扦插繁育培育驯化，取得了很好的效果，如图 7-10 所示。

7.3.3　移栽试验

（1）供试材料

选取 14 种供试植物进行移栽试验，记录统计其裸根及带土球的移栽成活率。14 种供试植物是：白花羊蹄甲、红椿、刺通草、催吐萝芙木、狗牙花、火烧花、假鹊肾树、毛果桐、皮孔葱臭木、石栗、云南玉蕊、中平树、臭茉莉、多花野牡丹。

（2）移栽试验

①成活率

该 14 种移栽苗木试验结果如图 7-11 所示。从图中可以看出，14 种移栽植物中，狗牙花的成活率最高，其中裸根成活率为 81.2%，带土球成活率为 90.5%，其次为红椿，裸根成活率为 75.5%，带土球成活率 80%。且从图中可以看出，裸根移植植物的成活率比带土球移植成活率低，经方差分析结果发现，大部分植物移植后最终的成活率与移植时是否带土球有很大的关系。因此，在小磨公路边坡生态恢复中，移栽植物要求尽可能带土球，

常绿刺桐 　　木瓜榕 　　钝叶榕

南洋森 　　小驳骨 　　旱禾树

图 7-10　插繁育植物培育驯化效果

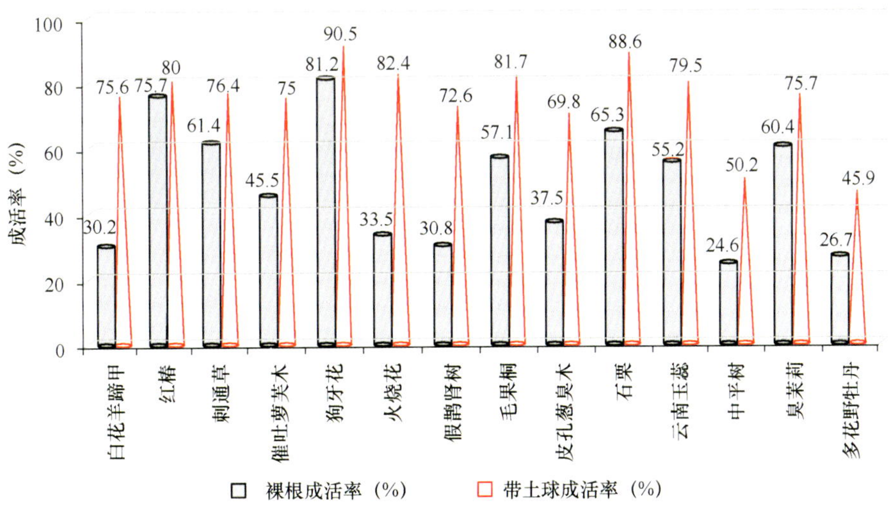

图 7-11　裸根、带土球移栽植物成活率

以保证其成活率。

②移栽繁育植物培育驯化的效果图片

通过选取部分植物进行移栽繁育培育驯化，取得了很好的效果。如图 7-12 所示：

红椿

催吐萝芙木

刺通草

图 7-12 移栽繁育植物培育驯化效果

7.4 岩石边坡生态恢复技术研究

云南省高速公路边坡恢复技术逐步成熟，已形成针对不同类型边坡的恢复技术体系，从最早的喷播植草，发展到植生带护坡、三维植被网、土工格室等，并在云南省得到广泛应用。

但纵观 11 年路域生态恢复建设的研究成果和现状，岩石边坡生态恢复技术还存在一些问题，尤其是路域恢复植被可持续生长和演替发展的问题，是目前路域生态建设迫切需要解决的问题，也是实现路域生态建设可持续发展的关键问题。因此，针对小磨公路岩石边坡生态恢复技术展开研究，提出新的竹篾栅生态恢复技术，以保证小磨公路边坡的美观性，保证西双版纳景观的完整性。

竹篾栅生态恢复技术以水土保持原理和宫胁法原理为基础，在最大限度地防治水土流失，保持水土的基础上，尽可能固土护坡，营造一个适宜植物生长的环境条件。

7.4.1 竹篾栅生态恢复技术研究

竹篾栅生态恢复技术是一种适用于公路岩石或土石混合边坡的生态恢复技术，由竹篾栅防护技术和表土回填技术组成。竹篾栅技术是利用竹篾片、固定桩在坡面水平方向每隔 100 cm，形成水平“V”字形种植槽，并纵向每隔 200 cm 拉 12 号铁丝网，形成整体防护体系，从而实现了边坡防护措施的生态化，属于防护技术；表土的回填、固定技术，利用表土资源，组合本地稻草、稻壳、缓效肥等辅助材料，搅拌均匀后回填，属于客土技术。二者有机结合，竹篾栅随着时间的推移，与回填表土形成有机整体，并在若干年后，成为新的有机肥料；而回填的表土，提供了丰富的动物、植物和微生物等原有生态群落，促进了边坡的生态恢复。因此是一项综合的边坡生态恢复技术体系。

7.4.2 竹篾栅生态恢复技术的特点及适应性

竹篾栅生态恢复技术的特点及适应性：

①利用竹篾栅形成“V”字形沟槽，以减少水土流失；

②技术上使工程防护实现了生态化，改变了公路生态建设中一贯使用的工程防护措施；

③利用原表土进行回填、固定，实现了对原表土层的利用，既保证了原表土层中养分、微生物的充分利用，又有利于原始植物群落的维持；

④在植物选择中，应用乡土野生护坡植物进行恢复，保证了与周围植被的协调，同时有利于实现后期植被的可持续生长和演替；

⑤为了避免恢复植被出现退化和再次裸露的现象，实现恢复植被的正常生长和可持续演替，竹篾栅生态恢复技术，使边坡工程措施和生物措施成为一个有机整体；

⑥竹篾栅生态恢复技术是一项适合中等或强风化岩石或土夹石边坡生态恢复的新技术体系，它以水土保持和宫胁法原理为基础，以最大限度地减少水土流失，利用竹篾片进行工程防护，实现工程防护的生态化；

⑦竹篾栅生态恢复技术充分利用开挖边坡时收集的表层土壤资源，进行回填、固定，并利用当地野生乡土植物进行恢复，以保证恢复植被可持续生长和演替。

岩石边坡试验结果以保持水土、植物生长情况为衡量标准，以相同坡比、坡向、相同风化程度的挂网＋厚层基材喷播岩石边坡为对照。挂网＋厚层基材喷播目前是保持水土的较佳的防护技术，因此，以它为对照展开研究，而不再以裸露坡面作比较。试验结果表明竹篾栅技术较其他边坡生态恢复技术具有更佳的效果。

7.4.3 水土保持研究

选择坡度相同的 K62＋320 ～ K62＋365、K62＋704 ～ K62＋800 边坡为试验边坡及对照边坡，并在底部做集水槽。用雨量计记录降雨强度和降雨量，每次降雨后定量取集水槽中的均匀水样进行烘干，测其单位体积土壤流失量。

(1)土壤流失量

经取样测定，试验边坡和厚层基材喷播边坡，各月份的土壤流失量走势一样，与当地降雨量和降雨强度的趋势一致，初步说明雨量、雨强越大，土壤流失量越大。

计算结果表明，试验边坡年平均土壤流失量为 3.2 t/km^2，挂网厚层基材喷播边坡的年平均土壤流失量为 3.6 t/km^2，经方差分析，竹篾栅生态恢复技术与挂网厚层基材喷播技术的土壤流失量无显著差异，这可能是因为厚层基材中黏接剂的作用，使得土壤不易流失。从这一方面说明二者的土壤保持效益无明显差异。

雨季的年土壤流失量占年总土壤流失量的 93.4%，而干季只占总土壤流失量的 6.6%。通过对干季和雨季的土壤流失量进行方差分析，结果发现，干季和雨季的土壤流失量存在显著差异。可见，雨季是引起水土流失的主要季节，若有必要，须采取防预措施减少土壤流失。

（2）坡面径流量

经过一年的实地测量，竹篾栅生态恢复技术和挂网＋厚层基材喷播技术边坡的坡面径流量 7 月份坡面径流量最大，1 月份最小。

计算结果表明，试验边坡年平均坡面径流量为 146.5 t/km^2，挂网厚层基材喷播边坡的年平均坡面径流量为 231.7 t/km^2，经方差分析，竹篾栅生态恢复技术与挂网厚层基材喷播技术的坡面径流量有差异，竹篾栅生态恢复技术防护的坡面径流量明显小于挂网厚层基材喷播技术，这主要是由于挂网厚层喷播技术在坡面防护喷播中，坡面较为平整，且渗透性较差，易引发坡面径流。说明竹篾栅生态恢复技术具有较好的水土保持效益。

根据对干季、雨季的坡面径流量的方差分析，结果表明不论是竹篾栅还是厚层基材喷播，干、雨季的坡面径流量均有显著差异。因此，工程建设要减少水土流失，雨季是关键时期。

7.4.4 生长状况研究

边坡试验于 2006 年 9 月开始实施，到 2007 年 1 月开始调查，并逐月记录调查坡面植物成活率和盖度。

调查方法采取成活率 /m^2 法，在坡面上每隔 20 m 采取梅花形重复调查法。盖度采用普通生态学调查方法。

（1）成活率

植物成活率是衡量植被恢复的最主要标准，也是保证后期生态恢复的基础和前提。根据种植 5 个月后的调查结果如图 7-13 所示。从图 7-13 中可以看出，竹篾栅技术恢复的边坡，其植物生长的成活率一年内变化幅度很小，说明其在干季和雨季均能保证正常生长，从另一方面也说明竹篾栅技术恢复的边坡其抗旱性较强，这主要是由于竹篾栅较好的水土保持性能，以及原表土富含的大量有机质等。

挂网厚层基材喷播在种植第 5 个月（即 2007 年 1 月）成活率还很高，但随着 1 ～ 4 月降雨量的减少，其成活率逐渐下降，但进入雨季后，成活率还在呈下降趋势，这可能是由于西双版纳雨季降雨量大，且降雨强度也大，挂网厚层基材喷播的边坡保水性能差，使边坡土壤仍处于缺水状态。此外，基材内的速效肥在植物生长5个月后逐渐减少，可能也是导致其成活率逐渐下降的原因。

（2）盖度

盖度是衡量生态恢复效果好坏的直观标准，在公路边坡生态恢复中应用较多，也是公路边坡生态恢复竣工验收的测量标准之一，因此盖度的研究具有重要意义。

从种植5个月后的调查结果（图7-14）可以看出，竹篾栅试验边坡的盖度一年内变化很小，其中在4月略有降低，但随着进入雨季，又呈上升趋势，这可能是由于在干季，雨水较少，其盖度略有下降。且竹篾栅试验边坡植被盖度年平均值为96.4%，盖度较高，其景观效果较好。这主要是由于竹篾栅较好的水土保持性能和原表土富含的大量养分、微生物、本土植物种子等。而挂网厚层基材喷播的边坡其盖度呈下降的趋势，尤其是随着恢复时间的增加，下降幅度更大。即使进入雨季，也呈大幅度下降趋势，这主要是由于挂网厚层基材土壤不保水的缘故。

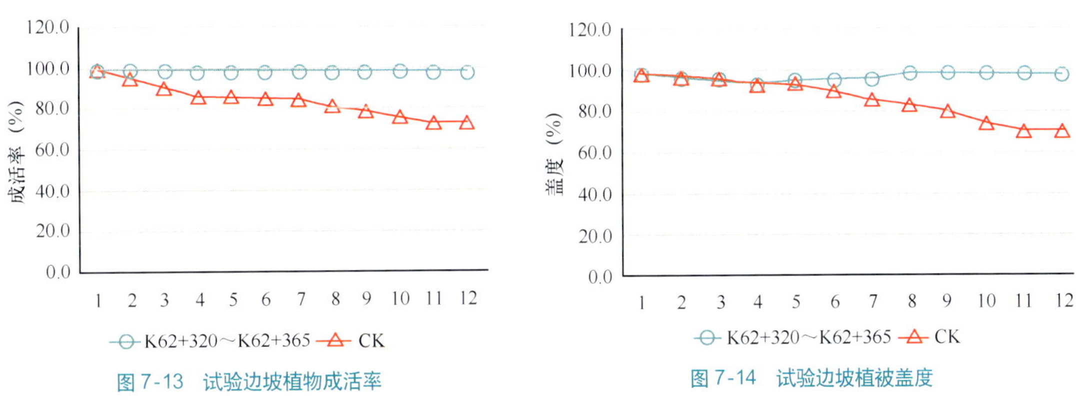

图7-13 试验边坡植物成活率

图7-14 试验边坡植被盖度

可见，与挂网厚层基材喷播技术相比，竹篾栅生态恢复技术对后期植物生长和景观效果均有显著成效。

通过对小磨公路沿线特有的岩石边坡生态恢复的研究，提出了针对岩石边坡生态恢复的竹篾栅生态恢复新技术（由竹篾栅防护技术和表土回填技术组成），并提出了竹篾栅生态恢复技术的工艺流程和技术应用特点。

水土保持结果研究表明，与挂网厚层基材喷播技术相比，竹篾栅生态恢复技术的保土性能无明显差异，但其保水性有显著差异。说明竹篾栅技术的水土保持效果较好。坡面植物生长状况研究表明，竹篾栅生态恢复技术坡面的植物成活率和盖度均高于挂网厚层基材喷播技术，且竹篾栅技术坡面的植物成活率和盖度1年内呈稳定趋势，而挂网厚层基材技术坡面的植物成活率和盖度1年内呈下降趋势，这主要是因为竹篾栅技术的保水性较好、原表土中富含大量有机质和本地植物种子库等，是促进植被恢复的主要因素。

8 小磨公路建设经验总结

小磨公路的贯通，标志着昆曼国际大通道云南省境内段全线建成通车。小磨公路建设里程 199 km，批准概算总投资 63.9493 亿元，其中环保估算投资约 9610.03 万元，约占工程投资的 1.96%。小磨公路在施工过程中环境保护总投资实际达 2.23 亿元，占整个项目投资的 3.50%，是环保投资估算的 232.3%。也就是说，项目实际投入比计划多了 1.27 亿元。项目高质量完成了全线 172 km 绿化美化、22 处服务管理设施绿化、22 个标段水环境保护、14 处污水处理设施、3 座声屏障、30 座桥面径流收集系统等环保工程建设。其中仅植物移植就投资 1502 万元，环保临时工程投资累计达 1505 万元。

小磨公路不但完成了公路建设的发展要求，而且还实现了生态景观和环境保护的实际需要，是高速公路建设的典范。在建设项目的总体目标要求方面，从注重工程质量深化到以工程质量为核心，综合考虑了投资控制、工期进度、环境保护等管理目标。通过对生态公路的技术研究，提高公路建设的生态环保技术水平，尤其在水土保持、景观重建等方面具有明显特点和技术优势。

从空中俯瞰，穿越西双版纳雨林的小磨公路像一条银色长龙，蜿蜒于莽莽原始森林中，时而穿山越岭，时而一露峥嵘，时而隐匿不见，时而大开大阖，优美的线形让人赞叹不已（图 8-1）。

小磨公路是二级路的建设标准，高速公路的效果；公路线形如行云流水，与自然美景的匹配天衣无缝；路景、风景相得益彰，美不胜收，让人流连忘返。无疑，小磨公路是云南继思小高速公路之后公路建设的又一面旗帜！

雨林中的国际大通道　　人间胜景

群山起伏，大道延绵　　顺山就势，蜿蜒前行

图 8-1　优美的小磨公路

8.1 建设成果

小磨公路位于云南省的西双版纳州，全线位于崇山峻岭间，地表植被比较脆弱，而且经过国家级自然保护区，其中分布有大量的国家级珍稀野生动植物，并且沿途还有大量的少数民族聚集地，这些都给小磨公路的建设提供了难题。

小磨公路的建设者们从创新设计理念入手，贯穿“以人为本”的要求，突出区域民族特色。小磨公路在总体设计上遵循五个原则：安全性原则、服务性原则、尊重地区特性原则、整体协调一致性原则、自然性原则。按照这五个原则，路线设计上坚持地形选线、环保选线、安全选线、布景选线和效益选线。路基工程最大限度地减少圬工砌体，并考虑与绿化设计相结合；边坡设计采用植物生态防护。边沟和排水沟根据地形条件灵活设计，确需设置挡、防结构物时，采用各式生态景观结构物美化环境。桥、隧及交叉工程，总体上贴近自然，尽可能与周围的山川、河流、沟谷等自然景观相协调，结构物的外观与当地建筑风格相一致。隧道零开挖进洞，洞门自然化、民族化；桥梁工程的桥型结构及布孔充分结合地形，跨径、墩高既有一致性，又有韵律性，桥型墩台引入美学设计，讲究造型美；交叉（立交、平交）工程主要设在山脚，布局改为不对称，采用灵活的匝道及辅道相连接，绿化景观设计园林化。沿线设施和服务区与旅游功能相匹配，突出了人性化、自然化、个性化、民族民风园林化。小磨公路的建设者们最终把小磨公路建设成为一条融西双版纳历史、文化、民族风情、亚热带风光为一体的绿色、和谐、文明的公路！

8.1.1 选线避让

在地处西双版纳及国家热带雨林保护区里面修建公路，难免会对生态环境产生影响，特别会对保护区的植被、动植物产生影响，选线时要尽量减少对保护区的影响，尽量避开从保护区通过。

（1）勐腊保护区路段选线避让

正线方案在勐腊保护区路段（K92～K103＋920）进入西双版纳国家级自然保护区边界内，勐腊自然保护区的植被是典型的热带季雨林植被，并发现该地区有亚洲象、印度野牛、印支虎、金钱豹、熊狸等国家Ⅰ级重点保护哺乳类动物，还有一些其他受国家保护的中小型兽类、鸟类、两栖类和爬行类活动，考虑到公路建设（无论施工期还是营运期）会对它们的栖息和活动将造成严重影响，可能会迫使它们永久地放弃这一原生栖息地和活动领地，经过反复的论证，最后建设者们决定放弃原有设计路线，避免了对自然保护区可能造成的破坏影响。

（2）尚勇保护区路段选线避让

正线方案在尚勇保护区路段（K136＋884.57～K140＋880）进入西双版纳国家级自然保护区边界内，该路段森林植被非常好，附近有亚洲象活动，沟谷地带是国家Ⅰ级重点保护动物——小鼷鹿的另一主要栖息地之一。由于勐腊—磨憨公路东侧已被开垦种植橡胶，保护区已规划在这一中间地带建立一个生物走廊带，以利野象等野生动物的交流和活动，因此西侧的保护区段不应再受到破坏。经过勘察比较，最后确定路线沿勐腊——磨憨公路以东的人工林中穿过更合理，并利于今后在东侧生物走廊带的建设。

（3）古树选线避让

勐宽平交原设计路线发现一棵百年古榕树位于路基中线，为保护这棵古榕树，设计单位采用分离式路基避让措施，体现了公路建设者对历史的尊重与保护。

8.1.2 路桥隧方案比选

小磨公路沿线经过大量的山岭、沟谷、河流、自然保护区及旅游景点，为了避免对沿途生态植被、河流造成破坏和避免水土流失，建设者综合考虑建设成本、社会成本和环境成本，对这些环境敏感点进行了避让，降低公路建设对社会和环境的不良影响。在建设过程中，在山岭及沟谷地段，不强拉直线，硬切山梁，设计采用高墩桥梁结构，避免高填深挖对环境的破坏；沿河段采用桥梁结构，既保护了生态植被，也避免了不必要的水土流失；雨林谷段路基改桥，保护了雨林谷公园的自然生态景观；在经过热带雨林密集路段，设计中适当增加桥梁比例，减少公路建设对生态环境的扰动和破坏。

8.1.3 路基二次清场

路基采用二次清场方式，有效控制了路基清场面积，使公路建设对生态植被的扰动和破坏降低到最小程度，为后期的绿化恢复创造了良好的条件。

8.1.4 桥梁基础局部清场施工

为了保护桥梁建设时对地表植被的破坏，小磨公路在桥桩施工时进行了创新，采用了桥梁基础局部清场施工方式，很好的保护了桥下的生态环境。

8.1.5 雨林中的施工便道

为了保护线路经过的森林公园，为避免开挖施工便道造成原植被破坏，项目部最终决定架设栈桥，小磨公路穿越原始林和天然林时，建设者采用钢管支架架设施工栈道运输施工材料，同时采用混凝土集中拌和、管道泵送等施工方法，有效的保护了桥墩周边的原始植被。

8.1.6 隧道施工环保新理念

在隧道施工中，为把对自然保护区的影响降到最小，隧道按要求实行零开挖进出洞，早进晚出洞，适当延长洞口，让隧道口周围的植被得以妥善保护。如回弄山隧道上面就是西双版纳森林公园，如果按常规施工，必然会因刷坡而毁掉数百平方米植被和树木。在山体偏压、石质破碎、覆盖层只有 1.2 m 的极端不利条件下，采用“套拱法”、“超前大管棚法”等先进技术手段开展施工，成功实现了“零开挖”进洞，开创了我国隧道此类施工的先河。

8.1.7 节能创新

小磨公路的勐远 1 号隧道照明系统采用太阳能供电系统，是公路建设中一项创新的环保技术，这项技术使公路建设与资源、环境的可承载能力相适应，以最小的资源消耗实现绿色交通和公路建设的可持续发展。

8.1.8 植物假植移栽

小磨公路沿线植被丰富，在沿线共设置了 12 处野生植物移植假植地，可对公路沿线热带雨林、本地野生植物物种，进行选择性培育和驯化，使其运用到小磨公路的绿化建设中。

8.1.9 边坡生态恢复

针对小磨公路岩石边坡的生态恢复，采取尊重自然，敢于探索和创新的态度，提出新的竹篾栅生态恢复技术，实现了“仿原生态边坡”的设计理念，尽可能恢复原植被生态系统和保护物种多样性。

8.1.10 具有地方特色的路域文化

通过把地域特色文化因子融入于收费站、观景台、上挡墙、上跨桥、路侧小品、隧道洞门、标志标牌等公路构筑物及沿线交通设施等的设计中，充分展示和传承了公路路域的特色文化，提升了公路文化品味，促进了路域旅游文化产业的发展。

为了突出旅游功能，在公路两侧设置景观小品，营造地方特色景观和视觉兴奋点，为整体公路景观环境注入活力，成为一道道独特的景观亮点。

8.1.11 路域景观设计与恢复

小磨公路工程，实现了路与自然和谐共赢。

小磨公路气势泱泱，线形妩媚，路面宽阔，默默地镶嵌在茫茫的热带雨林中，实现了“车在路上行，人在画中游”的愿望（图 8-2）。

小磨公路不仅是一条绿色长廊，更是一条奔向富裕的金光大道！公路经过的地方，在通车之后短短一年多的时间，古老的边疆正在发生翻天覆地的变化。西双版纳州首府景洪市，城市建设规划随即进行了调整，沧江新区的开发建设如火如荼。在起点小勐养，小城镇建设初具规模。过去发展滞后的勐腊县，过境公路边，蕉农们丰收的香蕉不用再担心出现积压、腐烂；在终点磨憨口岸，狭窄的山谷已经成为开发建设的热土，南亚商贸城和多个居住小区正在拔地而起，一座新兴边境贸易商城应运而生。

图 8-2　优美的小磨公路

8.1.12　其他技术成果

小磨公路建设积极配合交通运输部和西部大开发科研工作，以工程为依托，取得了一些生态恢复技术成果。如重点针对小磨公路当地的植物群落及种类进行全面的调查，根据当地的地质及气候条件，研究筛选出了适合生态恢复的乡土植物物种，并对筛选的植物进行培育、驯化，并应用于后期的生态恢复中；如针对岩石边坡难于生态恢复特点，科研攻关提出了竹篾棚生态恢复技术等等。

8.2　经验总结

（1）理念创新是示范工程建设的前提

小磨公路全体参建人员立足项目特色，把握工程实际，坚持理念创新，在建设工程全过程，认真坚持了“安全第一保通畅，保护环境重生态，创作设计促和谐，典型示范创品牌”的创新理念，为项目示范工程的顺利实施打下了坚实的基础。

（2）创作设计是示范工程建设的灵魂

根据交通运输部的有关要求，结合项目的设计理念和目标，设计工作认真坚持以安全为核心，以环保为主线，以路线为龙头，以服务地方经济发展为目标的设计思路，并实施了全方位的创作设计，这是示范工程取得成功的有力保证。

（3）科技创新是示范工程建设的支撑

小磨公路典型示范工程的设计工作，坚持以科技为支撑，围绕自然生态环境保护、和谐交通安全保障技术、公路隧道太阳能照明系统、公路项目管理与投资控制等课题，与科研机构联合开展科技攻关，研究成果应用于指导设计实践，提高了项目建设的科技含量。

（4）精细施工是示范工程建设的关键

任何优秀的设计都必须通过精细化的施工来实现，小磨公路通过招标选择优秀施工队伍，配备一流的人员和设备，严格实施过程管理，推进精细化施工等举措，克服传统的施工习惯，更新施工和环保理念，以细节决定成败的意识，精雕细琢，将创作设计蓝图变成了示范工程成果。

（5）规范管理是示范工程建设的保障

小磨公路工程通过建立组织机构，明确参建单位的目标、职责和任务，要求全体参建人员切实发扬“团结务实、严谨创新、廉洁高效、优质环保”的小磨精神，做到了目标明确、职责明确、任务明确，责任到人。通过配备高素质的现场管理人员，制定和完善各项管理制度和办法，大力开展培训工作，以全员参与示范的意识，落实“四个第一”的建设思路等举措，实现示范工程精心化管理的全过程、全方位、全覆盖，有力的保障了示范工程的成功建成。

公路环境保护工作的创新实施，全面提升了小磨公路的建设品质和品位，充分拓展了小磨公路的功能与作用。小磨公路真正成为了一条高品质、高品位、人性化、个性化的国际大通道和生态文化长廊。

参 考 文 献

[1] 白史且，胥小刚. 高速公路绿化技术工程 [M]. 北京：中国农业出版社，2005.

[2] 卜崇峰，等. 公路水土保持技术理论研究进展 [J]. 中国水土保持，2008（09）.

[3] 蔡志洲，刘憧，张淑娥. 公路边坡灌木生态绿化技术 [J]. 交通环保，2002（03）.

[4] 陈劲跃. 高速公路水土保持植物配置多样性初探 [J]. 广东水利电力职业技术学院学报，2009（07）.

[5] 陈亚丽. 生态防护技术在岩石边坡上的应用 [J]. 道路与交通工程，2010（01）.

[6] 戴明新，等. 公路环境保护手册 [M]. 北京：人民交通出版社，2004.

[7] 董险峰. 持续生态与环境 [M]. 北京：中国环境科学出版社，2006.

[8] 韩相春. 道路交通景观设计 [M]. 哈尔滨：东北林业大学出版社，2005.

[9] 何天宝. 公路建设环境保护问题探讨 [J]. 山西建筑，2009（06）.

[10] 何兴元. 应用生态学 [M]. 北京：科学出版社，2004.

[11] 胡晋茹，等. 公路建设的生态影响与生态公路建设 [J]. 中国水土保持科学，2006（SI）.

[12] 蒋文瑞. 高速公路路基边坡防护及支护技术探讨 [J]. 山西建筑，2011（04）.

[13] 李静，秦志香. 公路建设环境保护与水土保持工作的探讨 [J]. 青海交通科技，2007（01）.

[14] 李为，李远富，宋清霞. 高速公路景观绿化美化设计 [J]. 中外公路，2006（02）.

[15] 李卫民，孔祥金. 公路环境保护及其景观美化 [J]. 交通环保，1997（3）.

[16] 李智. 高速公路施工中水土保持技术的探讨 [J]. 科技与生活，2010（21）.

[17] 梁玉昌，万秀红，许海峰. 浅谈生态公路建设 [J]. 黑龙江交通科技，2002（02）.

[18] 刘长兵，吴世红，林宇，等. 交通工程竣工环境保护验收指南 [M]. 北京：人民交通出版社，2010.

[19] 刘龙，裴世保，杨书祥. 公路生态工程技术探讨 [J]. 公路交通科技，1999.

[20] 刘清等. 高速公路景观与绿化设计初探 [J]. 江西林业科技，2006（02）.

[21] 刘书套. 高速公路环境保护绿化 [M]. 北京：人民交通出版社，2001.

[22] 罗娜，罗涛，封悍东. 从小磨公路谈勘察设计典型示范工程 [J]. 重庆交通学院学报，2006（06）.

[23] 马洪勇. 公路岩石边坡绿化防护技术分析 [J]. 福建建设科技，2009（01）.

[24] 马媛玲，魏磊. 浅议生态公路建设的理念 [J]. 公路与管理，2010（09）.

[25] 明道贵. 高速公路建设水土流失与水土保持研究 [D]. 天津：河北工业大学，2006.

[26] 潘诚，刘世青，张贵芝. 公路建设与环境保护的初步探讨 [J]. 内蒙古科技与经济，2005（06）.

[27] 庞静. 高速公路景观设计中若干问题的研究 [D]. 山东大学，2007.

[28] 舒华英，燕惠英. 高速公路建设的水土保持措施研究 [J]. 工程技术与产业经济，2010（07）.

[29] 孙婕，毛国卫，李德超. 高等级公路环境保护技术的研究现状和趋势 [J]. 安徽建筑，2003（04）.

[30] 汤振华．高速公路与沿线景观协调性研究［D］．北京：北京林业大学博士论文，2008（06）．

[31] 田洪文，孟雷．公路路基设计高度的探讨［J］．铁道工程学报，2007（12）．

[32] 王广振，孙晋峰，冯莉．高速公路经济和社会效益分析［J］．财经与管理，2010（02）．

[33] 王恒．公路路线方案合理性研究［D］．西安：长安大学，2006．

[34] 王耀军．浅谈公路绿化设计与环境保护［J］．陕西环境，2003（06）．

[35] 邬建国．景观生态学［M］．北京：高等教育出版社，2007．

[36] 吴鸣，林建松．公路建设的生态影响与生态公路理念［J］．山西建筑，2008（06）．

[37] 吴鸣，曾伟波．公路建设的生态影响与生态公路［J］．华东公路，2008（1）．

[38] 夏本安．高速公路景观绿化设计研究［J］．中外公路，2004（02）．

[39] 徐虹晶，等．公路隧道太阳能 LED 照明系统研究现状分析［J］．吉林交通科技，2009（03）．

[40] 薛芳梅，秦荣旺．浅谈公路建设与环境保护——云南小磨高速公路建设之体验［J］．科技风,2010(12)．

[41] 杨彩侠．生态公路设计理念与实际研究［D］．西安：长安大学，2004．

[42] 杨果，何惠琴，李倩．高速公路岩石边坡生物防护的回顾与展望［J］．路基工程，2008（03）．

[43] 杨英波，徐征军．高速公路岩石边坡生态防护技术初探［J］．资源与环境，2008（09）．

[44] 姚占勇，周玉海，艾贻忠，等．论公路建设与环境保护［J］．山东交通科技，1999（02）．

[45] 尹奇德．环境与生态概论［M］．北京：化学工业出版社，2007．

[46] 张华．浅析生态公路设计中的环保理念［J］．山西建筑，2009（09）．

[47] 张少飞．浅论公路生态与生态保护［J］．河北林果研究，2006（01）．

[48] 张秀丽．道路建设与景观协调性研究［D］．西安：长安大学硕士论文，2002．

[49] 张威．高速公路路基路面排水设计［J］．规划设计，2011（09）．

[50] 张燕．做好公路环境保护，促进经济和谐发展［J］．学术探讨，2011（08）．

[51] 张阳．公路景观学［M］．北京：中国建材工业出版社，2004．

[52] 赵剑强．公路交通与环境保护［M］．北京：人民交通出版社，2002（04）．

[53] 赵志刚．浅谈高速公路景观设计［J］．中国科技博览，2009（18）．

[54] 中华人民共和国交通部．JTG B01—2003　公路工程技术标准［S］．人民交通出版社，2004．

[55] 周前程，杨瑞华．生态公路建设［J］．山西建筑，2007（18）．

[56] 祝遵凌，尹红梅．自然景观与人文景观在高速公路景观营建中的应用［J］．南京林业大学学报（人文社会科学版），2006（04）．

[57] 卓慕宁，等．高速公路边坡快速绿化技术的应用与水土保持效果［J］．水土保持研究，2004（09）．